한 그릇 밥

쉽고 간단한 매일 집밥
101

한 그릇 밥

배현경 지음

샘터

나만의 놀이터 부엌에서
오늘도 한 그릇 밥을 준비합니다

어린시절 소꿉놀이를 유난히 좋아했습니다. 다른 여자아이들은 어릴 적에 잠깐 한다는 소꿉놀이를 저는 다 클 때까지 했습니다. 들과 산에서의 소꿉놀이가 성에 차지 않으면 일찍부터 엄마의 부엌에 들어가 이것저것 엄마의 부엌 일을 흉내 내보기도 했습니다.

결혼하고 처음 내 부엌이 생겼을 때의 기쁨은 참으로 가슴 벅찬 행복이었습니다. 사랑하는 사람을 위해서 온종일 매 끼니의 메뉴를 생각하는 것이 일상의 가장 큰 즐거움이었습니다.

그러다 딸아이가 태어나고 가족을 위한 살림살이가 본격적으로 시작되면서 하루 세 끼의 식사 준비는 항상 즐거울 수만은 없는 일이 되었습니다. 그저 오랜 세월 정신없이 쫓기고 있었습니다.

하지만 뒤돌아보면 가족들에게 그저 집밥이 가장 중요하다는 생각에는 변함이 없었습니다. 서툴고 부족했지만 직접 차린 밥을 가족에게 먹이겠다는 다짐을 잘 지키려고 늘 노력했습니다.

가족들의 뒷바라지에만 전념했던 시간이 지나고 이제는 오롯이 나만을 위한 시간이 많아졌습니다. '지금 내가 가장 하고 싶은 일이 무엇일까' 생각해보았습니다. 세상에 거창하고 멋진 일은 많지만 저는 또 다시 부엌으로 돌아왔습니다.

하루 중 가장 오래도록, 쫓기지 않고 부엌에 머무는 시간은 어린 시절의 즐거운 소꿉놀이로 나를 다시 데려가줍니다. 이제는 여유로움 속에서 좀 더 긴 시간을 들여 정성껏 음식을 만들어보기도 하고 조리 방법을 바꿔보기도 하며 내 자신이 납득하지 않으면 안 되는 고집스러움도 생겨났습니다.

즐거웠던 여행지에서의 추억이 담겨 있는 바구니, 따뜻한 마음과 함께 선물로 받은 도자기 그릇, 내 엄마의 손때 묻은 항아리와 작은 종지, 딸이 한 장 한 장 개수를 채워 사주어서 이제는 세트가 된 그릇, 딸과 함께 열심히 케이크를 만들던 빛바랜 도구들…….

내가 가장 좋아하는 것으로 가득 채워진 그곳, 부엌입니다. 맛과 지혜가 있었던 내 엄마의 부엌을 잘 기억하고 있습니다. 말로 가르쳐주지 않아도 나는 많은 것을 배웠습니다.
내 딸은 이 엄마의 부엌을 어떻게 기억할까요? 음악은 꼭 있어야 하고 가끔은 아름다운 꽃도 있었으면 좋겠습니다. 부엌은 누구에게도 양보할 수 없는 나만의 놀이터입니다.

딸에게 예쁜 밥을 먹이면서 예쁘게 자라길 바라는 마음을 담아 블로그 '예쁜밥'을 시작했습니다. 이제 딸은 결혼해 곁에 없지만 계속해서 예쁜 밥을 짓고 싶습니다. 예쁜 밥은 변함없이 시간과 정성을 들여 밥을 짓겠다는 의지를 담은 저 자신과의 약속이기도 합니다.

빠르고 어지러워져 가는 세상.
먹거리는 넘쳐나지만 점점 멀어져만 가는 자연과 건강.
그렇기에 한 그릇 밥이라도 내 손으로 만들어 먹자고 얘기하고 싶습니다.

소박해도 먹을 만한 한 그릇 밥이기를 바랍니다.
나를 위한 한 그릇 밥
또 누군가에게 위로가 되는 한 그릇 밥이기를 소망합니다.

차례

시작하며 005

한 그릇 밥에 필요한 주방 도구와 그릇들 012

한 그릇 밥을 준비하는 데 알아두면 좋은 것들 014

Part 1
제철 재료로 만드는 한 그릇 밥

001	오이 두부 냉국밥	021
002	명란젓 덮밥	023
003	양념 명란젓 덮밥	025
004	꽈리고추 덮밥	027
005	달래밥	029
006	두릅튀김 덮밥	031
007	마늘쫑 오징어 덮밥	033
008	양배추 된장 덮밥	035
009	양배추 생채 덮밥	037
010	가지 된장 덮밥	039
011	가지 데리야키 덮밥	041
012	토마토밥	043
013	옥수수밥	045
014	감자 볶음밥	047

015	들깨 고구마줄기 덮밥	049
016	마늘 버섯 볶음밥	051
017	키조개 관자 청경채 덮밥	053
018	생땅콩밥	055
019	무밥	057
020	꼬막조림 덮밥	059
021	간장 새우장 덮밥	061
PLUS	간장 새우장	063
022	새우장 날치알 덮밥	065
023	굴 덮밥	067
024	굴 파볶음 덮밥	069
025	김치 굴 덮밥	071
026	삼치구이 덮밥	073

Part 2
냉장고 속 재료로 만드는 한 그릇 밥

027	토마토소스 오므라이스	077
028	양상추 볶음밥	079
029	카레 볶음밥	081
030	참치통조림밥	083
031	스크램블에그 덮밥	085
032	다시마조림 주먹밥	087
PLUS	**다시마조림**	088
PLUS	**다시마조림 영양밥**	089
033	어묵김밥	091
034	꽁치통조림구이 덮밥	093
035	맛달걀 덮밥	095
036	깻잎 된장 덮밥	097
037	밥 부침개	099
038	김치 달걀 덮밥	101
039	채소 토마토소스 볶음밥	103
PLUS	**채소 토마토소스**	105
040	새우 파슬리 볶음밥	107
041	모둠 채소 볶음밥	109
042	김밥 샐러드	111
043	베이컨 덮밥	113
044	볶은 멸치밥	115
045	어묵조림 덮밥	117
046	깍두기 볶음밥	119
047	참치통조림 채소 덮밥	121
048	모둠 장아찌 덮밥	123

Part 3
건강을 챙기는 한 그릇 밥

049	애호박 두부 된장 덮밥	127
050	애호박 두부 새우젓 덮밥	129
051	부추 달걀 덮밥	131
052	부추 볶음밥	133
053	톳 꼬막 비빔밥	135
PLUS	**파 부추 간장 양념장**	137
054	꼬막 해초밥	139
055	두부 덮밥	141
056	가지 바지락밥	143
057	아보카도 덮밥	145
058	고등어 덮밥	147
059	날치알 채소무침 덮밥	149
060	날치알장 덮밥	151
061	팽이버섯 문어 덮밥	153
062	나또 덮밥	155
063	도라지밥	157
064	청국장 덮밥	159
065	흰살생선 국밥	161
066	미역국밥	163
067	밥샐러드	165

Part 4
하루가 든든한 한 그릇 밥

068	소고기 국밥	169
069	사각김밥 하와이안 무스비	171
070	감자 동그랑땡 덮밥	173
071	닭고기 덮밥	175
072	셀러리 삼겹살 덮밥	177
073	돼지고기 파프리카 덮밥	179
074	소고기 우엉 덮밥	181
075	돼지고기 숙주 덮밥	183
076	돼지고기 된장 덮밥	185
077	당면 덮밥	187
078	토마토 카레밥	189
PLUS	소고기 수프 카레	190
079	카레 영양밥	193
080	숙주나물 돼지고기조림 덮밥	195
081	소고기 가지 덮밥	197
082	콩나물 불고기 덮밥	199
083	소고기 양파 덮밥	201
084	돼지고기 우엉 덮밥	203
085	새우 잡채밥	205

Part 5
특별한 날을 위한 한 그릇 밥

086	연어회 날치알 덮밥	209
087	소고기 스테이크 덮밥	211
088	훈제연어 초밥 케이크	213
089	함박스테이크 덮밥	215
090	전복구이 덮밥	217
091	새우볼 덮밥	219
092	파닭 덮밥	221
093	생선튀김 덮밥	223
094	연어회 덮밥	225
095	소고기 샐러드밥	227
096	볶음밥 오징어순대	229
097	문어밥	231
098	칠리새우 덮밥	233
099	고추장 회덮밥	235
100	잠바라야	237
101	아보카도 초밥	239

한 그릇 밥에 필요한
주방 도구와 그릇들

항상 주방에 두고 자주 사용하는 도구와 그릇들이 있습니다. 내 라이프 스타일에 맞게 선택한 주방 도구들이 자칫 장식품에 그치지 않아야 해요. 매일 사용하는 물건들인 만큼, 쉽게 손이 닿는 가까운 곳에 두고 충분히 잘 활용하고 있습니다.

냄비와 프라이팬

요리할 때 가장 많이 사용하는 냄비와 프라이팬은 종류와 크기가 매우 다양하지요. 만드는 양이 많지 않을 때는 두 가지를 겸해서 쓸 수 있는 제품이 편리합니다. 1인용의 작고 예쁜 냄비나 프라이팬도 마련해두면 요긴합니다.

나만의 그릇 한 세트

가족 수로 구성된 풀세트로 구입하기보다는 마음에 드는 것으로 한두 개씩 구입합니다. 균형과 조화를 이루도록 색상이나 디자인을 생각하며 고른 그릇들로 나만의 한 세트를 만들 수 있습니다. 자주 사용하는 그릇 종류는 좀 더 갖춰놓으면 좋아요.

작은 종지

반찬 담을 때는 작은 종지를 사용합니다. 먹을 만큼만 조금씩 담아 먹으면 버리는 일도 없겠지요. 살림하며 예쁜 그릇을 구입하고 모으는 재미도 놓칠 수 없어요. 작고 올망졸망한 그릇들을 보며 식사하는 동안 눈도 즐거워진답니다.

도마와 트레이

분위기에 맞춰 여러 가지 트레이를 사용하면 평소보다 조금 더 특별한 테이블 구성이 가능합니다. 요즘은 예쁜 도마를 트레이처럼 사용하기도 해요. 나와 가족을 생각하고 배려한다는 의미도 담고 있어요.

도자기 그릇

한 그릇 밥을 위한 도자기 그릇을 다양하게 갖고 있는데 밥과 그 밥이 담길 그릇과의 조화를 생각하며 그릇을 선택하지요. 매일 사용하는 그릇이므로 지나치게 화려하지 않은 소박함과 청결함을 주도록 심플한 하얀색의 도자기를 선호합니다.(그릇 협찬_요소 갤러리)

제과 제빵 도구

가끔 빵이나 케이크를 굽곤 합니다. 평범한 일상이 특별한 순간으로 바뀌는 것 같아 가족 모두가 즐거워합니다. 매일 집밥을 만드는 일이 지루할 때면 가끔 예전 실력을 발휘해볼 수 있는 저만의 취미생활이기도 합니다.

믹싱 볼

반찬 만드는 양은 항상 일정치 않으므로 믹싱 볼은 크기별로 갖고 있는 것이 좋습니다. 지름 10~30cm 사이의 볼을 4~5개쯤 갖춰두면 채소 요리할 때 유용하게 사용할 수 있는데, 뜨거운 물과 얼음물 등에도 안전한 스테인리스 제품이 좋습니다.

앞치마

우선, 청결한 위생을 위해서 음식 만들 때는 꼭 앞치마 사용을 권해드려요. 저에게 예쁜 앞치마는 부엌에서 보내는 시간을 즐겁게 하는 한 가지이기도 합니다.

한 그릇 밥을 준비하는 데
알아두면 좋은 것들

남은 채소 활용하기

요리를 하기 위해서는 먼저 식재료 구입과 손질을 합니다. 채소는 종류도 다양하고 가장 많이 사용하므로 대량으로 구입하다 보면 사용하고 남은 재료의 보관과 재활용도 중요하지요. 특히 채소의 경우, 다듬고 여러 번 씻으면서 버리는 부분을 줄이는 노력도 필요합니다.

채소 육수

채소를 다듬으면서 남는 것들, 버섯 기둥 등이 생길 때마다 냉동해둡니다. 채소 육수를 만들 만큼의 양이 모이면 냄비에 담고 충분히 잠길 정도의 물을 부어 센 불에 올려 끓입니다. 중불로 줄여 30분 정도 더 끓인 후 체에 걸러 건더기는 버리면 돼요. 간단한 수프 끓일 때, 나물 볶을 때, 카레를 만들 때 주로 사용해요.

토마토소스

사용하고 조금씩 남은 자투리 채소를 잘게 다져 채소 토마토소스를 만듭니다. (p105 참고) 토마토소스 볶음밥을 만들거나 냉동해두었다 여러 가지 요리에 사용하면 좋아요. 잘게 다진 채소만으로 볶음밥을 넉넉히 만들어 소분해서 비상용으로 냉동해두기도 하고 라면이나 간단한 면 요리를 먹을 때 곁들이기도 합니다.

맛내기 소스와 양념장 만들기

매일 집밥 준비를 하기 위해 미리 마련해두면 요긴한 것들이 있습니다. 채소를 볶거나 생선이나 고기를 조릴 때, 더 맛있는 음식을 만들기 위해서지요. 여기저기 두루 쓰일 수 있도록 미리 만들어놓고 조리할 때마다 사용하기를 추천해요. 저만의 맛내기 비법이기도 합니다.

간 토마토

완숙인 토마토를 끓는 물에 데쳐 껍질을 벗기고 믹서에 갈아 건강 주스로 마십니다. 설탕을 넣고 약간 걸쭉하게 졸여 찐 고구마나 떡을 찍어 먹기도 하지요. 다진 마늘과 양파를 올리브유에 볶다 간 토마토를 넣고 함께 졸이면서 소금, 후추로 양념해 만든 토마토 조림은 우리 집 토마토 요리에 기본으로 쓰여요.

사과, 생강 졸임

김치 담글 때 생강맛과 단맛을 내기 위해 사용해요. 사과 3개, 설탕 200g, 사과쥬스 1컵, 간 생강 50g을 준비합니다. 사과를 작게 잘라 설탕과 버무려 잠시 둡니다. 불에 올려 사과주스를 부어 끓어오르면 불을 약하게 줄여 졸이면서 핸드믹서로 갈고 간 생강을 넣고 국물기가 없어질 때까지 바짝 졸이면 됩니다.

양파 얼음

고기 재울 때, 수프, 샐러드 드레싱으로 다양하게 사용합니다. 양파는 반으로 자르고 비닐 위생 봉지(전자레인지 가능)에 넣어 전자레인지에서 15분 정도 가열하거나 찜솥에 쩌서 믹서에 넣고 물과 함께(양파 1kg에 물 1컵) 갈아 얼음 트레이에 담아 냉동해요.

유자청과 귤잼

차와 간식으로 먹기에 아주 좋아요. 돼지고기 구이나 조림에도 적당히 넣으면 음식의 단맛과 풍미를 더해줍니다.

구운 잔 멸치

잔 멸치를 팬이나 전자레인지에서 바짝 구워 용기에 담아두고 채소 샐러드, 볶음밥에 뿌려 먹거나 나물 무침에 넣고 즉석 육수용으로 사용하면 좋아요.

기본 조미료 준비해두기

지나친 양념이나 자극적인 양념은 하지 않으려 합니다. 요리에 있어 가장 중요하다고 생각하는 물과 소금은 특별히 좋은 것을 골라 사용하려고 노력해요. 나머지 기본 양념의 재료들은 보통 시중에서 판매되고 있는 제품을 구입하고, 고춧가루와 된장은 산지에 직접 주문을 해서 사용하고 있습니다.

된장, 고추장

된장은 재래식 집 된장을, 고추장은 시판용을 사용합니다.

고춧가루

너무 맵지 않은 것으로 보통과 고운 가루 두 가지를 구입해 냉동해두고 조금씩 덜어 사용합니다.

소금

김치나 장아찌용의 굵은 소금과 간을 맞추는 요리용 고운 소금 두 가지를 천일염으로 준비해둡니다.

양조간장, 조선간장

국이나 나물 무침에는 재래식 집 간장인 조선간장을 사용하고, 그 외에는 양조간장을, 조림 반찬에는 두 가지를 섞어 쓰기도 합니다.

설탕

보통 백설탕을 사용하고 설탕을 많이 사용해야 할 때는 비정제 설탕으로 대신해요. 윤기를 내거나 단맛을 가감해주기 위해 물엿, 꿀, 조청, 올리고당을 설탕 대신 또는 함께 적절히 사용하기도 합니다.

깨, 후추

고명이나 기호에 따라 적당량을 사용하며 즉석에서 갈아 씁니다.

멸치액젓, 새우젓

김치를 담글 때는 섞어서 사용하고, 반찬을 만들 때는 토속적인 맛이나 감칠 맛을 내기 위해 적절히 사용합니다.

식초

매일 반찬에는 현미식초와 사과식초를, 서양 요리에는 발사믹식초나 화이트와인식초를 사용합니다. 레몬즙을 약간 섞으면 좀 더 부드러운 신맛을 낼 수 있어요.

오일류

볶음이나 굽기에는 올리브유를, 생식이나 드레싱 소스 만들 때는 질 좋은 엑스트라버진 올리브유를, 튀김에는 콩기름을 사용합니다. 참기름은 두 가지를 사용하는데 진한 것은 맛과 향을 내기 위해, 보통 참기름은 볶음용으로 사용합니다. 들기름은 나물 무칠 때 마무리로 넣어 섞어줍니다.

맛술(미림), 청주

육류나 해산물의 비린내, 누린내, 잡내 제거를 위해서 주로 사용하지만 감칠맛을 내기도 합니다. 맛술은 품위 있는 단맛을 냅니다.

굴소스, 두반장, 치킨스톡

특색 있는 요리에 두루 쓰여 감칠맛을 내줍니다. 굴소스나 두반장은 볶음 요리에 주로 사용하고, 치킨스톡은 수프 만들 때나 준비된 고기 육수가 없을 때 대체하기도 합니다.

한 그릇 밥 계량, 이렇게 합니다

적은 양의 가루나 액체를 계량할 때는 계량스푼을, 액체 종류를 계량할 때는 주로 계량컵을 사용합니다. 양이 정확해야 할 경우에는 액체라 하더라도 저울로 계량해야 하지만 대부분의 한식 요리는 계량스푼과 계량컵 두 가지면 충분합니다.

1컵 200ml, 큰술 15ml, 작은술 5ml

밥숟가락으로 계량해도 되지만 각 가정마다 숟가락의 크기가 다르므로 이 책에서는 계량컵, 계량스푼, 그램으로 표기했습니다. 모든 재료들의 계량은 계량컵과 계량스푼에 가득 담아 윗면을 평평하게 깎은 양입니다.

조금, 적당량, 한 꼬집

그 양이 요리에 미치는 영향이 크지 않거나 각자의 기호와 건강 상태에 맞추어 요령껏 가감하라는 뜻입니다. 한 줌은 손의 크기에 따라 조금 차이는 있겠지만, 음식의 양과 비교해서 또는 기호에 맞게 넣으면 됩니다.

계절에 따라 쉽게 만날 수 있는 식재료들이 있어요.

냉이와 달래, 두릅으로 식탁에 봄의 기운을 더하고

굴과 관자, 꼬막으로 바다의 향기를 느낄 수도 있지요.

제철 재료가 주는 건강한 한 그릇 밥을 준비해보세요.

Part

1

제철 재료로 만드는
한 그릇 밥

오이 두부 냉국밥

ingredients

밥 1공기
오이 1/2개(소금 조금)
연두부 1개(110g)
멸치 다시마 육수 1+1/2컵
소금 조금

+
양념

조선간장 1/2작은술
고춧가루 1/3작은술
다진 마늘 1/3작은술
쪽파 1작은술
통깨 조금

recipe

1 오이는 가늘게 썰어 소금을 뿌려 살짝 절이고 물기를 꼭 짠다.

2 연두부는 먹기 좋은 크기로 자른다.

3 멸치 다시마 육수에 모든 양념 재료를 넣고 소금으로 간한다. 1과 2를 섞어 냉장고에 30분 정도 두었다가 밥에 부어 냉국밥으로 만든다.

기호에 맞게 식초와 참기름을 추가해 먹는다.

tip

멸치 다시마 육수 내기

국물용 멸치 10g, 다시마 5g, 물 5컵을 준비한다. 멸치는 내장을 제거하고 비린내를 없애기 위해 빈 프라이팬에서 바짝 미리 볶고 다시마는 겉면을 깨끗이 닦아낸다. 냄비에 멸치, 다시마, 물을 붓고 30분 그대로 두었다 불에 올려 끓어오르면 다시마는 건지고 약불에서 10분간 끓인다. 체에 걸러 육수만 사용한다.

002

명란젓 덮밥

ingredients

밥 1공기
명란젓(소) 1개
식용유 1큰술
다진 마늘 1작은술
쪽파 조금
김 조금
참기름 1작은술
통깨 조금

recipe

1 약불에서 팬에 식용유를 두르고 명란젓과 다진 마늘을 넣어
    명란젓을 굴려가며 동그랗게 구워 익히고 식으면 도톰하게
    썬다.

2 밥에 1과 잘게 썬 쪽파, 구운 김을 잘게 부셔 올리고 참기름
    을 두르고 통깨를 뿌린다.

양념 명란젓 덮밥

ingredients

밥 1공기
명란젓(소) 1개
무채 한 줌
무순 조금

+

양념
조선간장 1/3작은술
다진 마늘 1/2작은술
쪽파 조금
통깨 조금
참기름 1작은술

recipe

1 명란젓은 속만 긁어내서 사용한다.

2 무는 가늘게 채를 썬다.

3 명란젓에 쪽파를 잘게 썰어 넣고 나머지 양념 재료를 모두 넣어 잘 섞는다.

4 밥에 2를 펴 얹고 3과 무순을 얹는다.

004

꽈리고추 덮밥

ingredients

밥 1공기
꽈리고추 15개
아몬드, 잣, 해바라기씨,
호두 등 견과류 각각
조금씩

+

양념

설탕 1작은술
양조간장 조금
다진 마늘 1/2작은술
고추장 1큰술
참기름 1큰술

recipe

1   꽈리고추는 물기를 닦고 잘게 썬다. 견과류는 적당히 다지거나 작게 썬다.

2   팬에 참기름을 두르고 꽈리고추를 볶으면서 설탕, 양조간장, 다진 마늘, 고추장을 순서대로 넣어 볶는다. 고추장의 짠맛에 따라 간장 양을 조절한다.

3   밥에 2를 얹고 견과류를 뿌린다.

tip

견과류를 요리에 사용할 때 기름 두르지 않은 팬에 약불에서 한 번 볶으면 맛이 더 고소해진다.

(005)

달래밥

ingredients

밥 2/3공기
달래 4뿌리
달걀노른자 1개
양조간장 1/2큰술
고춧가루 조금
깨소금 조금
참기름 1작은술

recipe

1 달래는 흐르는 물에 꼼꼼하게 씻어서 물기를 털고 짤막하게 썬다.

2 밥에 달래를 얹고 달걀노른자를 곁들이고 나머지 재료를 뿌린다.

두릅튀김 덮밥

ingredients

밥 1공기
두릅 5줄기
소금 조금
밀가루 2큰술
녹말가루 1큰술
물 3큰술
튀김기름 적당량
튀김 덮밥 소스 적당량

recipe

1   두릅은 딱딱한 밑동과 잔가시를 자르고 흐르는 물에 씻어 물기를 완전히 없애고 소금을 조금 뿌린다.

2   밀가루와 녹말가루를 섞고 물을 부어 가루가 안 보일 정도로만 섞어 튀김 반죽을 만든다.

3   1의 두릅을 2의 반죽에 버무려 180도에서 튀겨 밥에 얹고 소스를 뿌린다.

     기호에 따라 고춧가루를 조금 뿌려도 좋다.

tip

튀김 덮밥 소스

다시(일본 육수, p095 참고) 1큰술, 양조간장 5큰술, 맛술 4큰술, 설탕 1작은술을 준비한다. 기호에 따라 설탕 양을 조절해도 좋다. 작은 소스 냄비에 모든 재료를 넣고 중불에 올린다. 끓어오르면 약불로 줄여 약간 걸쭉한 정도로 끓여 만든다.

마늘쫑 오징어 덮밥

(007)

ingredients

밥 1공기
오징어 몸통(소) 1마리
잘게 썬 마늘쫑 1/4컵
올리브유 1큰술
소금 조금
후추 조금
청주 1큰술
양조간장 1큰술
꼬지 1개

recipe

1 오징어는 몸통만 동그란 모양 그대로 사용하는데 내장을 깨
   끗이 떼어내고 1.5cm 크기로 썰어 물기를 완전히 닦고 꼬지
   에 끼운다.

2 마늘쫑은 잘게 썬다.

3 팬에 올리브유를 두르고 마늘쫑을 먼저 볶다가 오징어도 넣
   어 앞뒤 뒤집어 구우며 청주를 뿌리고 소금, 후추로 간한다.

4 3의 오징어가 거의 익으면 양조간장을 뿌리고 살짝 볶아 마
   무리하고 밥에 얹는다.

008

양배추 된장덮밥

ingredients

밥 1공기
양배추 150g
식용유 1큰술
된장 1큰술
참기름 1작은술
후추 조금
삶은 달걀 반숙 1개
쪽파 조금
통깨 조금

recipe

1   양배추는 씻어서 물기를 털어내고 먹기 좋은 크기로 썬다.

2   삶은 달걀은 반숙으로 준비한다.

3   팬에 식용유를 두르고 양배추 숨이 약간 죽을 정도로 볶다가
      된장을 넣고 잘 어우러지게 볶아지면 참기름을 두르고 후추
      도 뿌려 마무리한다.

4   밥에 3과 준비해둔 달걀 반숙을 반으로 잘라 얹고 잘게 썬
      쪽파와 통깨를 뿌린다.

양배추 생채 덮밥

ingredients

밥 1공기
양배추 150g
달걀 프라이 1개

+
양념
양조간장 1큰술
고춧가루 1/3작은술
다진 마늘 1/2작은술
쪽파 조금
소금 조금
후추 조금
참기름 1작은술
통깨 조금

recipe

1   양배추는 씻어서 물기를 털어내고 가늘게 채를 썬다.

2   식용유 두른 팬에 소금을 조금 뿌리고 달걀프라이를 만든다.

3   간장, 고춧가루, 다진 마늘, 잘게 썬 쪽파를 섞은 양념에 양배추 채를 버무려 무친다. 간이 부족하면 소금을 조금 넣고 후추도 뿌리고 참기름과 통깨를 넣어 마무리한다.

4   밥에 3을 얹고 달걀 프라이를 곁들인다.

010

가지된장덮밥

ingredients

밥 1공기
가지 1개
식용유 2큰술
참기름 1/2큰술
깨소금 1작은술

+
양념
된장 1작은술
양조간장 1/2큰술
다진 마늘 1작은술
다진 파 1큰술

recipe

1　가지는 물기를 닦고 가로세로 각각 반으로 자른 뒤 도톰하게 썰어 식용유에 버무린다.

2　팬에서 1의 가지를 앞뒤로 뒤집어가며 재빨리 굽는다.

3　양념은 모든 재료를 섞어 2에 넣고 타지 않게 잘 저어가며 간이 배도록 잠깐 볶고 참기름과 깨소금을 넣어 마무리해 밥에 얹는다.

tip

가지 볶을 때 주의할 점

가지는 기름을 금방 흡수하기 때문에 팬에 식용유를 두르고 볶으면 가지에 전체적으로 골고루 기름이 돌게 볶을 수 없다. 그래서 먼저 가지를 썰고 식용유를 뿌리고 잘 버무려 전체적으로 기름이 묻은 상태에서 볶거나 굽는 것이 좋다.

011

가지 데리야키 덮밥

ingredients

밥 1공기
가지 1개
식용유 1+1/2큰술
고춧가루 조금
통깨 조금

+
데리야키 소스
양조간장 1/2~1큰술
청주 1/2큰술
맛술 1/2큰술
설탕 1/2작은술

recipe

1 가지를 가로세로 각각 반으로 썰어 깊지 않게 칼집을 촘촘히
   넣는다.

2 팬에 식용유를 두르고 가지를 앞뒤로 살짝 굽는다.

3 데리야키 소스 재료를 모두 섞어 2에 붓고 약불에서 소스가
   거의 졸아들 정도로 졸인다.

4 밥에 3을 얹고 고춧가루와 통깨를 뿌린다.

토마토밥

ingredients

쌀 1컵
치킨스톡(소) 1/2개
방울토마토 7개
소금 조금
엑스트라버진 올리브유 1큰술
후추 조금
파르메산 치즈가루 조금

recipe

1 쌀은 30분 전에 미리 씻어서 물에 불린다. 치킨스톡은 밥물에 미리 넣어 녹인다.

2 전기밥솥에 1과 방울토마토를 넣고 밥물은 보통 밥 지을 때보다 조금 줄여서 붓고 소금을 조금 넣고 잘 섞어 밥을 한다.

3 밥이 완성되면 엑스트라버진 올리브유와 후추를 뿌리고 잘 섞어 그릇에 담고 치즈 가루를 뿌린다.

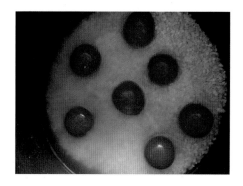

013

옥수수밥

ingredients

쌀 1컵
옥수수 1/2컵
당근 조금
브로콜리 1/2컵
소금 조금
양조간장 1큰술
사방 3cm 다시마 1장
버터 1큰술
후추 조금

recipe

1   쌀은 30분 전에 미리 씻어서 물에 불린다. 당근과 브로콜리는 작게 썬다.

2   전기밥솥에 쌀과 소금, 양조간장, 다시마를 넣고 보통 때보다 조금 줄인 밥물을 붓고 잘 섞는다.

3   2에 당근과 옥수수를 얹고 그 위에 브로콜리를 얹어 밥을 한다. 밥이 다 되면 뜨거울 때 버터를 넣고 잘 섞은 다음 후추를 뿌린다.

   생옥수수나 쪄서 먹고 남은 옥수수, 통조림 옥수수를 사용한다.

tip

고소한 별미 옥수수 견과류

찐 옥수수 1컵, 호두, 해바라기씨, 아몬드 등 잘게 썬 견과류 1/4컵과 소금을 조금 준비한다. 찐 옥수수는 알알이 떼어내고 견과류는 작게 썰거나 다진다. 약불에서 팬에 옥수수와 견과류를 함께 담고 잘 저어가며 노릇하게 볶다 소금 간을 한다. 볶다 보면 견과류에서 소량의 기름이 빠져나와 따로 식용유를 사용하지 않아도 괜찮다. 영양 많고 고소한 옥수수 견과류는 밥에 뿌려 먹기 좋다.

014

감자볶음밥

ingredients

밥 1공기
감자 2개
양파 기름 2큰술
소금 조금
후추 조금

recipe

1   감자는 껍질을 벗기고 잘게 썬다.

2   팬에 양파 기름을 두르고 감자를 볶으면서 소금을 약간 넣어 간하고 다 익으면 밥도 넣어 볶으면서 소금으로 간하고 후추도 뿌린다.

3   양파 기름을 체에 거르고 남은 양파는 볶음밥을 만들면서 함께 넣어 볶거나 볶음밥에 뿌려도 좋다.

tip

버릴 것 없이 유용한 양파 기름

양파(대) 1/2개, 식용유 1/2컵을 준비한다. 양파는 씻어서 껍질을 벗기고 물기를 닦고 가늘게 채를 썬다. 팬에 식용유를 붓고 중불에 올려 뜨거워지면 양파 채를 넣고 자주 저어가며 튀기듯이 볶다가 갈색을 띠면 잠깐 불을 세게 높여 양파를 바짝 볶은 뒤 불을 끈다. 체에 걸러 양파와 기름을 분리해 완성한다.

015

들깨 고구마줄기 덮밥

ingredients

밥 1공기
삶은 고구마줄기 한 줌
식용유 1큰술
다진 마늘 1작은술
멸치 다시마 육수 1/2컵
조선간장 1/2큰술
소금 조금
들깨가루 2큰술
들기름 조금
쪽파 1큰술
찐 고구마 조금

recipe

1   삶은 고구마줄기는 먹기 좋은 길이로 자른다.

2   약불에서 팬에 식용유를 두르고 마늘을 향이 나게 볶다가 고
구마줄기를 물기 꼭 짜서 넣고 전체적으로 기름기가 돌게 볶
는다.

3   2에 멸치 다시마 육수를 붓고 끓이며 조선간장으로 간하고
들깨가루 넣어 졸이다가 입맛에 맞게 소금을 추가하고 잘게
썬 쪽파를 넣고 들기름으로 마무리한다.

4   밥에 3을 얹고 찐 고구마를 곁들인다.

마늘 버섯 볶음밥

ingredients

밥 1공기
표고, 양송이, 느타리버섯 80g
마늘 3톨
식용유 1큰술
버터 1큰술
소금 조금
양조간장 1작은술
후추 조금

recipe

1 버섯은 흐르는 물에 살짝 씻어 물기를 완전히 닦고 껍질이나 기둥은 제거한다. 표고버섯은 6등분하고 양송이버섯은 반으로 썰고 느타리버섯은 가닥가닥 찢는다. 마늘은 얇게 편으로 썬다.

2 팬에 식용유를 두르고 마늘을 노릇하게 볶아 따로 덜어내고 팬에 그대로 버섯을 볶으며 소금을 조금 뿌린다.

3 버섯이 거의 익으면 밥을 넣어 볶으며 양조간장으로 양념하고 후추도 뿌리고 마지막에 버터를 넣어 볶아 마무리한다.

4 그릇에 3을 담고 마늘을 얹는다.

017

키조개 관자
청경채 덮밥

ingredients

밥 1공기
관자 100g
(소금 조금, 청주 1/2큰술)
식용유 1큰술
다진 마늘 1/2큰술
다진 파 1큰술
청경채 2줄기
붉은 고추 1/2개
양조간장 1/2~1큰술
후추 적당량

recipe

1 키조개와 관자는 물기를 닦고 소금, 청주에 버무려둔다. 청경채는 줄기와 잎을 나누어 자른다.

2 팬에 식용유를 두르고 다진 파와 마늘을 향이 나게 볶다가 청경채의 줄기를 먼저 넣어 볶다가 관자와 양조간장을 차례로 넣어 볶는다.

3 2에 청경채 잎과 붉은 고추를 작게 썰어 넣고 숨이 죽을 정도로 볶다가 후추도 뿌린다.

4 밥에 3을 곁들인다.

생땅콩밥

ingredients

쌀 1/4컵
찹쌀 2/4컵
생땅콩 50g
소금 1/4작은술

recipe

1 _ 찹쌀은 2시간 전에 미리 씻어서 물에 불리고 쌀은 30분 전에 씻어 불린다.

2 _ 생땅콩은 속껍질째 깨끗이 씻는다.

3 _ 전기밥솥에 1과 2, 소금, 물을 보통 밥 지을 때처럼 붓고 잘 섞어 밥을 짓는다.

tip

간식으로 좋은 생땅콩

간식이나 다식으로 먹는 삶은 생땅콩은 속껍질째 깨끗이 씻은 생땅콩 100g을 냄비에 넣고 충분히 잠길 정도의 물과 소금 1작은술을 넣는다. 센 불에 올려 끓어오르면 중불로 줄여 10분 정도 삶다가 맛을 보고 기호에 맞게 더 삶는다. 보통 18분 정도 삶으면 알맞다.

019

무밥

ingredients

쌀 1컵
무 150g
사방 3cm 다시마 1장
청주 1/2큰술
소금 조금

recipe

1 쌀은 30분 전에 미리 씻어서 물에 불린다. 무는 보통 굵기로 채를 썬다.

2 전기밥솥에 1과 다시마, 청주, 소금을 넣고 밥을 짓는데 밥 물은 보통 때보다 조금 줄여서 붓고 밥을 짓는다.

3 2를 그릇에 담고 부추 장아찌를 곁들여 함께 먹는다.

tip

즉석으로 만드는 부추 장아찌

부추 10줄기를 씻어 물기를 털어내고 짤막하게 썬다. 양조간장 1큰술, 조선간장 1작은술, 식초 1/2큰술, 붉은 고추와 통깨를 조금씩 넣고 잘 섞어 양념장을 만든다. 여기에 썬 부추를 넣어 몇 번 뒤적거리며 잠시 두었다가 숨이 죽으면 무밥과 함께 먹기 좋은 즉석 부추장아찌가 완성된다.

꼬막조림 덮밥

ingredients

밥 1공기
삶은 꼬막살 20개
꼬막 삶은 물 1/2컵
양조간장 2큰술
맛술 2큰술
청주 2큰술
생강 5g

recipe

1 꼬막은 솔을 사용해 꼼꼼하게 문질러 씻고 소금물에 30분 정도 담가 해감한다. 냄비에 충분히 잠길 정도의 물과 함께 삶는다. 이때 주걱을 한쪽으로 저어가며 끓이다 입이 벌어지면 불을 끄고 뚜껑을 덮어 예열로 완전히 익힌다.

2 분량의 꼬막 삶은 물에 꼬막살과 얇게 저민 생강과 간장, 청주, 맛술을 넣고 센 불에 올려 끓어오르면 중불로 줄여 국물이 자작자작할 때까지 졸인다. 기호에 따라 설탕을 조금 추가해도 좋다.

3 밥에 2를 얹는다.

021

간장 새우장 덮밥

ingredients

밥 1공기
간장 새우장 6마리
깻잎 순 한 줌
양파 조금
쪽파 조금
잣 조금
통깨 조금
홍고추 조금
간장 새우장 국물 적당량

recipe

1 간장 새우장은 껍질을 벗겨 준비하고 양파와 쪽파는 가늘게 채를 썬다.

2 밥에 간장 새우장을 얹고 양파와 깻잎 순, 쪽파 채를 곁들이고 잣과 통깨를 뿌리고 홍고추를 잘게 썰어 얹고 간장 새우장 국물을 뿌린다.

PLUS

간장새우장

ingredients

흰다리 새우 500g
(물 3컵, 식초 2큰술)
레몬 슬라이스 3장
마늘 3톨
홍고추 1개

+
채소 육수
대파 뿌리 2개
대파 1/3대
저민 생강 3장
사방 5cm 다시마 1장
양파 1/2개
통후추 3알
사과 1/4개
물 3컵

+
간장 달임장
양조간장 1/2컵
조선간장 2큰술
청주 1/4컵
맛술 1/4컵
설탕 1큰술

recipe

1   물에 식초를 타서 새우를 잠시 담가 두었다 건져 수염, 다리,
    내장, 물총 뿔을 제거하고 찬물에 헹궈 물기를 완전히 닦는
    다.

2   채소 육수는 모든 재료를 냄비에 넣고 센 불에 올려 끓어오
    르면 약불로 줄여 20분 끓인 다음 체에 걸러 육수와 건더기
    를 분리한다.

3   2의 육수에 간장 달임장 재료를 전부 넣고 한 번 후루룩 끓
    여 식힌다.

4   열탕 소독한 용기에 1의 새우를 담고 3을 붓고 레몬 슬라이
    스와 홍고추를 넣고 마늘은 저며 넣는다.

새우장 날치알 덮밥

ingredients

밥 1공기
간장 새우장 5마리
날치알 3큰술
(청주 1작은술)
쪽파 1큰술
와사비 1/2작은술
김 1/2장
간장 새우장 국물 1큰술

recipe

1 날치알은 흐르는 물에 씻어 물기를 제거하고 청주를 섞는다.

2 간장 새우장은 껍질을 벗겨 작게 썬다.

3 간장 새우장 국물에 와사비와 쪽파를 잘게 썰어 넣고 섞은 다음 1과 2를 함께 버무린다.

4 밥에 구운 김을 적당히 부셔서 올리고 3을 얹는다.

　　싱거우면 간장 새우장 국물을 조금 더 뿌려 먹는다.

굴 덮밥

(023)

ingredients

밥 1공기
굴(대) 7개
녹말가루 1큰술
버터 10g
다진 마늘 1작은술
쪽파 조금
통깨 조금
소금물 조금

+

조림장
물 2큰술
양조간장 1큰술
청주 1큰술

recipe

1   굴은 소금물에 흔들어 씻은 다음 찬물에 헹구고 건져 키친타 월로 물기를 완전히 제거하고 녹말가루를 묻힌다.

2   약불에서 팬에 버터를 녹이고 다진 마늘을 넣어 볶으며 1의 굴도 여분의 녹말가루를 살살 털어내고 앞뒤로 구워 거의 익 으면 조림장 재료를 모두 섞어 부어 졸인다.

3   밥에 2를 얹고 잘게 썬 쪽파와 통깨를 뿌린다.

024

굴 파볶음 덮밥

ingredients

밥 1공기
굴(중) 10개
참기름 1큰술
쪽파 5큰술
다진 마늘 1/2작은술
두반장 1/2큰술
굴소스 1작은술
깻잎 1장
소금물 조금

recipe

1   굴은 소금물에 흔들어 씻은 다음 찬물에 헹구고 건져 키친타
     월로 물기를 완전히 제거한다.

2   쪽파는 씻어서 물기를 털어내고 잘게 썬다.

3   중약불에서 팬에 참기름을 두르고 다진 마늘과 쪽파를 향이
     나게 볶다가 두반장을 넣고 볶으면서 굴과 굴소스를 넣어 잘
     저어가며 굴이 익을 정도로 볶는다.

4   밥에 깻잎을 올리고 3을 얹는다.

김치굴덮밥

ingredients

밥 1공기
신 김치 2/3컵
김칫국물 1큰술
식용유 1큰술
멸치 다시마 육수 1/2컵
굴(대) 6개
달걀 1개
쪽파 조금
깨소금 조금
소금물 조금
청주 1작은술

recipe

1   굴은 소금물에 흔들어 씻은 다음에 찬물에 헹구고 키친타월로 물기를 완전히 제거하고 청주를 뿌려 둔다.

2   신 김치는 속을 털어내고 먹기 좋은 한 입 크기로 썬다.

3   팬에 식용유를 두르고 신 김치를 볶다가 전체적으로 기름기가 돌면 멸치 다시마 육수와 김칫국물을 부어 국물이 조금 남을 때까지 끓인다.

4   3에 굴을 넣고 끓여 굴이 거의 익으면 달걀을 한 개 깨트려 넣고 뚜껑을 덮어 살짝 끓이다 불을 꺼서 달걀을 반숙으로 익힌다.

5   밥에 4를 얹고 잘게 썬 쪽파와 깨소금을 뿌린다.

026

삼치구이덮밥

ingredients

밥 1공기
삼치(대) 1/4장
(소금, 후추 조금)
식용유 1큰술
쪽파 조금
통깨 조금
꽈리고추 3개
(소금 한 꼬집)

+
고추장 양념장
고추장 1큰술
고춧가루 1/2큰술
다진 마늘 1/2큰술
맛술 1/2큰술
양조간장 1작은술
물엿 1/2큰술
청주 1/2큰술
참기름 1작은술

recipe

1 삼치는 물기를 닦고 소금, 후추로 밑간한다.

2 꽈리고추는 씻어서 물기를 닦는다.

3 고추장 양념장은 모든 재료를 함께 잘 섞는다.

4 팬에 식용유를 두르고 삼치를 앞뒤 노릇하게 구우면서 한쪽
　 에서는 꽈리고추를 소금 한 꼬집 뿌려 살짝 구워 따로 먼저
　 덜어낸다.

5 구운 삼치는 양념장을 앞뒤로 바르고 타지 않게 한 번 더 살
　 짝 굽는다.

6 밥에 5의 삼치를 얹고 꽈리고추와 채로 썬 쪽파, 통깨를 뿌
　 린다.

장보기 귀찮은 날, 냉장고 야채칸과 냉동실을 열어보면

남아 있는 식재료들을 종종 발견할 수가 있어요.

특히 무르기 쉬운 채소, 간편식과 통조림을 활용해

쉽고 간단하게 한 끼 식사를 준비해보세요.

Part
2

냉장고 속 재료로
만드는
한 그릇 밥

027

토마토소스 오므라이스

ingredients

밥 1 공기
다진 소고기 50g
(청주 1작은술)
양파 1/4개
달걀 2개
방울 토마토 3개
식용유 1/2큰술
소금 조금
후추 조금

+

토마토소스
물 1/4컵
토마토케첩 2+1/2큰술
양조간장 1작은술
후추 조금

recipe

1 소고기는 키친타월로 핏물을 제거하고 청주를 넣고 잠시 재운다.

2 양파는 잘게 썰고 달걀은 소금을 조금 넣고 잘 푼다.

3 팬에 식용유를 두르고 소고기를 볶다가 핏기가 안 보이면 양파를 넣고 볶으면서 소금으로 간하고 밥도 넣어 잘 어우러지게 볶다가 후추를 뿌려 마무리한다.

4 팬에 식용유를 조금 두르고 달걀 지단을 동그랗게 부쳐서 중앙에 3을 얹고 사방을 접어 감싼다.

5 토마토소스는 모든 재료를 함께 한 번 후루룩 끓여 만든다.

6 접시에 5를 붓고 4를 얹고 방울토마토를 반으로 잘라 곁들인다.

028

양상추 볶음밥

ingredients

밥 1공기
양상추 큰 잎 2장
슬라이스 햄 2장
달걀 2개
식용유 1큰술
소금 1/2작은술
후추 조금

recipe

1   양상추는 씻어서 물기를 닦아 한 장은 받침으로 쓰고 한 장은 한 입 크기로 찢는다.

2   슬라이스 햄은 잘게 썬다.

3   달걀을 잘 풀어 소금을 넣고 밥과 함께 잘 섞는다.

4   중불에서 팬에 식용유를 두르고 햄을 먼저 바짝 볶은 뒤 3을 부어 센 불에서 재빨리 볶는다.

5   4에 양상추를 넣고 숨이 죽을 정도로 더 볶으며 후추를 뿌려 마무리한다.

6   그릇에 양상추를 깔고 그 위에 양상추볶음밥을 담는다.

(029)

카레 볶음밥

ingredients

밥 1공기
소시지 1개
감자(소) 1개
브로콜리 30g
꽈리고추 3개
주키니호박 조금
당근 조금
카레가루 1작은술
버터 1큰술
소금 조금
후추 조금

recipe

1   감자는 껍질을 벗기고 한 입 크기로 썬다. 소시지는 칼집을 조금 넣는다. 브로콜리는 작은 송이로 자른다. 주키니호박과 당근은 얇게 썬다.

2   끓는 물에 먼저 감자와 소시지를 삶다가 마지막에 브로콜리를 넣고 살짝 데쳐 모두 함께 건진다.

3   팬에 버터 1/2큰술을 녹여 밥을 볶으면서 카레가루를 뿌리고 소금으로 간해 잘 섞어가며 볶아 따로 덜어둔다.

4   팬에 다시 버터 1/2큰술을 녹여 1의 소시지와 채소를 한꺼번에 볶으면서 소금과 후추로 살짝 간한다.

5   팬 한쪽에 3을 담고 4를 곁들인다.

030

참치통조림밥

ingredients

쌀 1컵
참치통조림 2~3큰술

+

양념
양조간장 1/2큰술
소금 한 꼬집
청주 1/2큰술

+

파 마늘 들기름장
쪽파 2큰술
마늘 1/3작은술
들기름 1큰술

recipe

1 쌀은 30분 전에 미리 씻어 물에 불린다.

2 참치통조림은 기름을 제거한다.

3 전기밥솥에 1과 2, 양념 재료를 모두 넣고 섞어 밥을 짓는다.

4 파 마늘 들기름장은 쪽파와 마늘을 다지고 들기름과 잘 섞어 만든다.

5 참치통조림밥에 파마늘 들기름장을 비벼가며 먹는다.

tip

삶거나 데친 채소 혹은 여러 가지 생채소에 소금으로 간하고 파 마늘 들기름장을 넣어 버무리면 간단한 반찬이 완성된다.

스크램블에그 덮밥

ingredients

밥 1공기
팽이버섯 4큰술
킹크랩 맛살 2큰술
달걀 2개
양파 1큰술
당근 1/2큰술
쪽파 1큰술
참기름 1큰술
다진 마늘 1/2작은술
소금 조금
후추 조금

recipe

1   팽이버섯, 양파, 당근, 쪽파, 킹크랩 맛살은 잘게 썬다.

2   달걀은 소금을 조금 넣고 잘 푼다.

3   약불에서 팬에 참기름을 두르고 다진 마늘과 쪽파를 볶아 향을 내고 중불에 당근, 양파, 팽이버섯, 맛살을 순서대로 넣고 볶다가 소금과 후추를 뿌려 간한다.

4   3에 2를 붓고 재빨리 크게 저어가며 잠깐 익혀 불을 끄고 반숙인 상태로 밥에 얹는다.

032

다시마조림 주먹밥

ingredients

밥 1공기
다시마조림 3큰술
통깨 조금

recipe

1 따뜻한 밥에 다시마조림을 넣고 잘 섞는다.

2 비닐 랩에 1을 올려 감싸고 양손으로 꼭꼭 눌러가며 삼각형
   모양으로 만든 뒤 랩을 벗겨 통깨를 뿌린다.

tip

주먹밥에 잘 어울리는 유부 된장국

유부 2장, 멸치 다시마 육수 1+1/2컵, 된장 1/2큰술, 다진 마늘 1/2작은술, 쪽파를
조금 준비한다. 유부는 끓는 물을 끼얹어 기름기를 제거하고 채를 썬다. 냄비에 멸치
다시마 육수를 넣고 끓으면 된장을 푼다. 여기에 채 썬 유부와 다진 마늘을 넣고 한소
끔 끓여 그릇에 옮겨 담고 쪽파를 잘게 썰어 넣으면 주먹밥과 잘 어울리는 유부 된장
국이 완성된다.

PLUS

다시마조림

ingredients

재활용 다시마 150g
물 1+1/2컵
양조간장 2큰술
청주 1/4컵
맛술 1/4컵
물엿 1+1/2큰술

recipe

1   다시마를 잘게 썬다.

2   냄비에 물엿을 제외한 나머지 재료를 모두 넣고 센 불에 올
    려 끓기 시작하면 1을 넣는다. 다시 끓어오르면 불을 약하게
    줄여 국물이 거의 없어질 때까지 졸이다가 마지막에 물엿을
    넣고 바짝 졸인다.

 PLUS

다시마조림 영양밥

ingredients

쌀 1컵
다시마조림 2큰술
당근 조금
유부 조금
우엉 조금
청주 1/2큰술
소금 조금

recipe

1 쌀은 30분 전에 미리 씻어 물에 불린다. 유부는 끓는 물을 끼 얹어 기름기를 없애고 작게 썬다. 우엉은 연필 깎듯이 어슷하고 짧게 썰고 당근은 작게 썬다.

2 전기밥솥에 1과 다시마조림, 청주, 소금을 넣고 잘 섞어 밥을 짓는다. 필요에 따라 간장 양념장에 비벼 먹어도 좋다.

tip

멸치 다시마 육수를 만들고 남는 다시마에는 좋은 영양분이 남아 있어 버리지 않고 냉동해서 모아둔다. 한꺼번에 다시마조림을 만들어 그대로 밑반찬으로 사용해도 좋고 주먹밥 등 여러 가지 요리에 사용한다. 시판용 유부초밥을 만들 때 다시마조림을 넣으면 조금 더 건강한 유부초밥을 만들 수 있다.

033

어묵김밥

ingredients

밥 1공기
봉어묵 3개
김 2장

+

밥 양념
소금 1/3작은술
참기름 1/2큰술

+

어묵 양념
양조간장 1큰술
청주 1큰술
설탕 1작은술
맛술 1큰술

recipe

1   어묵은 끓는 물에 잠깐 데쳐서 기름기를 제거한다.

2   밥은 따뜻할 때 소금으로 간하고 참기름을 뿌려 잘 섞는다.

3   약불에서 어묵에 어묵 양념 재료를 모두 넣어 바짝 졸인다.

4   김에 밥을 얹어 고르게 펴 3을 한 개 반씩 얹고 돌돌 말아 한 입 크기로 썬다.

꽁치통조림구이덮밥

ingredients

밥 1공기
꽁치통조림 3토막
밀가루 조금
식용유 1큰술
꽈리고추 2개
소금 조금

+
양념장
식용유 1큰술
다진 마늘 1/2큰술
생강 1/2큰술
양조간장 2작은술

recipe

1 통조림의 꽁치는 물기를 완전히 없애고 밀가루를 입혀 약불에서 팬에 식용유를 두르고 앞뒤로 굽는데, 이때 한쪽에서 꽈리고추에 소금을 조금 뿌리고 굽는다.

2 양념장은 팬에 식용유를 두르고 다진 마늘과 생강을 향이 나게 볶다가 양조간장 넣고 살짝 끓인다.

3 밥에 1을 얹고 2를 뿌린다.

tip

꽁치통조림 고추장구이

꽁치통조림 3토막, 식용유 1/2큰술, 고추장 1큰술, 맛술 1큰술, 다진 마늘 1작은술, 양조간장 2/3작은술, 물 2큰술, 쪽파, 통깨, 후추를 조금씩 준비한다. 꽁치는 물기를 완전히 없애고 식용유를 두른 팬에 약불에서 앞뒤로 굽는다. 고추장, 맛술, 다진 마늘, 양조간장, 물, 후추를 잘 섞어 구운 꽁치에 넣고 졸인다. 잘게 썬 쪽파와 통깨를 올리면 고추장 양념 맛이 잘 밴 꽁치통조림 고추장구이가 완성된다.

035

맛달걀덮밥

ingredients

밥 1공기
맛달걀 1~2개
조림간장 국물 적당량
쪽파 조금
통깨 조금
고춧가루 조금

ingredients

달걀 7개

+

조림간장
맛술 4+1/2큰술
양조간장 6큰술
다시(일본 육수) 1+1/2컵

+

다시
가쓰오부시 10~15g
물 3컵

recipe

1   맛달걀은 반으로 자르고 쪽파는 가늘게 채를 썬다.

2   밥에 맛달걀을 얹고 통깨와 고춧가루를 뿌리고 파 채를 얹는다.

3   2에 조림간장 국물을 뿌린다.

tip

맛달걀 만들기

1   달걀은 실온에 두었다 사용한다. 냄비에 먼저 달걀이 충분히 잠길 정도의 물만 부어 센 불에 올린다.

2   물이 끓으면 달걀을 넣고 몇 번 저어가며 5분간 삶아 건져 찬물에 담갔다 껍질을 벗기고 물기를 닦아 용기에 담는다.

3   조림간장은 먼저 맛술을 냄비에 붓고 살짝 끓여 알코올을 날리고 다시와 양조간장을 부어 한 번 후루룩 끓이고 불을 끈다.

4   3을 식혀서 2에 붓는다. 다음 날부터 먹을 수 있고 냉장고에서 일주일 보관 가능하다.

다시(일본 육수) 만들기

1   냄비에 물을 붓고 불에 올려 끓으면 가쓰오부시를 넣고 끓이다 바닥으로 가라앉으면 불을 끄고 2분 정도 그대로 둔다.

2   1을 촘촘한 체나 면보에 걸러 육수인 다시만 사용한다.

036

깻잎 된장 덮밥

ingredients

밥 1공기
깻잎 순 큰 한 줌
식용유 1큰술
들기름 1작은술
통깨 조금

+

양념

된장 1/2큰술
맛술 1작은술
다진 마늘 1/2작은술
다진 쪽파 1/2큰술

recipe

1 깻잎 순은 씻어서 물기를 털어낸다.

2 깻잎 순에 모든 양념 재료를 넣고 잘 섞어 버무린 다음 팬에 식용유를 두르고 숨이 약간 죽을 정도로 볶다가 들기름을 둘러 마무리한다.

3 밥에 2를 얹고 통깨를 조금 뿌린다.

tip

덮밥과 잘 어울리는 달걀 한 알 된장국

달걀 1개, 멸치 다시마 육수 1+1/2컵, 다진 마늘 1/2작은술, 된장 1/2큰술, 쪽파를 조금 준비한다. 멸치 다시마 육수를 냄비에 붓고 끓으면 된장을 푼다. 달걀을 깨서 넣고 다진 마늘을 넣어 끓인다. 달걀흰자가 익으면 그릇에 담고 쪽파를 잘게 썰어 얹는다.

037

밥부침개

ingredients

밥 100g
냉동 새우살 2큰술
(청주 1/2작은술)
양파 1큰술
당근 1큰술
파프리카 1큰술
느타리버섯 1큰술
파 1큰술
달걀 1개
밀가루 1큰술
소금 조금
후추 조금
식용유 1큰술

recipe

1. 냉동 새우살은 해동해서 물기 없애고 잘게 썰어 청주에 버무린다.

2. 모든 채소는 잘게 썰어 밀가루에 버무린다.

3. 달걀은 잘 풀고 밥을 넣어 함께 잘 섞는다.

4. 1, 2, 3을 모두 섞어 소금, 후추로 간한 뒤 팬에 식용유를 두르고 한꺼번에 부어 고르게 펴서 앞뒤로 뒤집어 굽는다.

김치달걀덮밥

ingredients

밥 1공기
신 김치 1/2컵
달걀 2개
맛술 1/2작은술
식용유 1큰술
쪽파 조금
깨소금 조금
들기름 1큰술

recipe

1 김치는 속을 털어내고 작게 썬다. 달걀은 잘 풀고 맛술을 넣어 섞는다.

2 팬에 식용유를 두르고 김치와 달걀을 함께 섞어서 붓고 주걱으로 저어가며 달걀이 익을 정도로만 볶는다.

3 밥에 2를 얹고 쪽파는 잘게 썰어 얹고 깨소금, 들기름을 뿌린다.

039

채소 토마토소스 볶음밥

ingredients

밥 1공기
채소 토마토소스 1/2컵
버터 1큰술
소금 조금
파슬리 조금

recipe

1 팬에 버터를 녹이고 밥을 볶으면서 채소 토마토소스를 붓고 잘 어우러지게 볶는다.

2 1을 맛보고 싱거우면 소금을 추가해서 넣고 볶아 간을 맞춘다.

3 2를 그릇에 담고 파슬리를 조금 다져 뿌린다.

PLUS

채소 토마토소스

ingredients

양파 50g

양송이버섯 20g

당근 20g

셀러리 20g

피망 20g

햄 20g

토마토 1개

토마토케첩 1컵

식용유 2큰술

다진 마늘 1작은술

소금 조금

후추 조금

recipe

1 햄과 모든 채소는 물기를 없애고 잘게 다진다.

2 약불에서 팬에 식용유를 두르고 다진 마늘을 향이 나게 볶다
가 1과 토마토를 제외한 모든 채소를 넣고 숨이 죽을 정도로
볶는다.

3 2에 토마토케첩과 토마토를 넣고 끓이면서 주걱으로 토마
토를 으깨고 소금, 후추를 뿌려 토마토의 수분이 없어질 때
까지 졸인다.

tip

채소 토마토소스는 볶음밥이나 피자, 샌드위치, 스파게티 등 여러 가지 요리에 활용
할 수 있다.

040

새우 파슬리 볶음밥

ingredients

밥 1공기
새우(중하) 5마리
(소금 조금
후추 조금
청주 1작은술)
올리브유 1큰술
다진 마늘 1작은술
양조간장 1작은술
다진 파슬리 1큰술

recipe

1 새우는 씻어서 머리, 껍질, 내장을 다 제거하고 살만 분리해 물기를 완전히 닦고 작게 썰어 소금, 후추, 청주로 밑간을 하고 20분 정도 재운다.

2 약불에서 팬에 올리브유를 두르고 다진 마늘을 향이 나게 볶다 1의 새우를 넣고 볶는다.

3 2의 새우가 거의 익으면 다진 파슬리와 밥을 넣어 잘 어우러지게 볶다가 마지막에 양조간장을 넣고 볶아 마무리한다.

싱거우면 소금을 조금 추가해서 넣고 볶는다.

모둠 채소 볶음밥

ingredients

밥 1공기
달걀 1개
소금 조금
식용유 2큰술
감자(소) 1개
양파(소) 1/4개
피망 1/4개
파프리카 1/4개
느타리버섯 5줄기
당근 조금

recipe

1 채소는 보통 굵기로 채를 썬다.

2 달걀은 잘 풀어 소금과 밥을 넣고 잘 섞는다.

3 팬에 식용유 1큰술 두르고 2를 부어 재빨리 저어가며 볶아 그릇에 담는다.

4 채소는 팬에 식용유 1큰술을 두르고 단단한 감자부터 당근, 피망, 파프리카, 느타리버섯, 양파 순서대로 넣어 볶다가 소금, 후추로 간해 3에 얹는다.

tip

볶음밥 만들 때 밥과 달걀을 따로 볶지 않고 잘 푼 달걀에 밥을 넣고 섞어서 볶으면 밥알에 달걀이 코팅되어 볶음밥이 뭉치지 않고 식감과 맛도 좋다.

042

김밥샐러드

ingredients

밥 1공기
소금 조금
김 1장
양상추 적당량
오이 1/3개
양조간장 1큰술
와사비 적당량

+

달걀말이

달걀 2개
다진 당근 1작은술
다진 양파 1작은술
다진 쪽파 1작은술
소금 조금
설탕 1/2작은술
맛술 1/2작은술
양조간장 1/3작은술
식용유 조금

recipe

1 밥은 따뜻할 때 소금을 조금 넣어 잘 섞고 양상추와 오이는 씻어서 물기 털어낸다.

2 달걀을 풀어 소금, 설탕, 맛술, 양조간장과 다진 당근, 양파, 쪽파를 넣고 섞는다. 작은 사각 팬에 식용유를 조금 두르고 계란물을 부어가며 돌돌 말아 달걀말이를 만든다.

3 김에 밥을 고르게 펴서 얹고 2를 얹어 김밥을 싼 다음에 한 입 크기로 썬다.

4 양상추를 큼직하게 찢어 그릇에 담고 오이는 얇게 썰어 얹고 3도 얹는다.

5 양조간장과 와사비를 섞어서 김밥, 양상추, 오이를 찍어 먹는다.

043

베이컨 덮밥

ingredients

밥 1공기
베이컨 3줄
식용유 1/2큰술
마늘 1톨
양파(소) 1/6개
새싹 조금
달걀 1개
양조간장 1큰술
후추 조금

recipe

1 베이컨은 가늘게 썬다. 마늘은 편으로 썰고 양파는 가늘게 채를 썬다.

2 팬에 식용유를 조금 두르고 달걀프라이를 만들어 따로 덜어 두고 약불에서 팬에 식용유를 두르고 마늘을 볶다가 베이컨을 넣어 바짝 볶는다.

3 밥에 2를 얹고 새싹과 양파채를 섞어 곁들이고 베이컨을 구웠던 팬에 그대로 양조간장을 넣고 살짝 끓여 밥에 뿌리고 후추도 뿌린다.

tip

햄 덮밥 만들기

밥 1공기, 슬라이스 햄 2장, 식용유 1/2큰술, 대파 3큰술, 달걀 1개, 양조간장 1큰술, 소금과 후추를 각각 조금씩 준비한다. 슬라이스 햄은 4등분하고 대파는 작게 썬다. 팬에 식용유를 두르고 햄을 앞뒤로 구워 따로 덜어낸다. 그 팬 그대로 대파를 넣고 소금 한 꼬집 뿌리고 볶으면서 팬 한 쪽에서 반숙으로 달걀프라이를 만든다. 밥에 구운 햄과 달걀프라이를 얹고 후추를 뿌리면 햄으로 만든 덮밥이 완성된다. 먹기 직전에 양조간장을 뿌린다.

044

볶은 멸치밥

ingredients

밥 1공기
볶음용 멸치 15g
쪽파 20g
참기름 1큰술
양조간장 1작은술
소금 한 꼬집
통깨 1큰술
무 조금

recipe

1   멸치는 비린내 제거를 위해 전자레인지나 팬에 바짝 구워 사용한다. 쪽파는 물기를 제거하고 잘게 썬다. 무는 가늘게 채를 썬다.

2   팬에 참기름 두르고 쪽파를 볶다가 숨이 죽으면 멸치를 넣고 함께 볶으면서 양조간장을 넣고 살짝 볶아 불을 끈다.

3   밥에 2를 넣고 잘 섞는다. 싱거우면 소금 한 꼬집 뿌려 섞고 통깨도 뿌린다.

4   그릇에 3을 담고 무채를 곁들인다.

어묵조림 덮밥

ingredients

밥 1공기
동그란 어묵 7개
양파(소) 1/2개
멸치 다시마 육수 1/2컵
식용유 1/2큰술
파 조금
통깨 조금
고춧가루 조금

+

양념
양조간장 1큰술
설탕 1작은술
다진 마늘 1/2작은술
다진 생강 1/2작은술

recipe

1 어묵은 끓는 물에 잠깐 데쳐 기름기를 제거한다.

2 양파는 굵게 채를 썬다.

3 팬에 식용유를 두르고 양파와 어묵을 볶다가 양파가 숨이 죽으면 멸치 다시마 육수를 붓고 양념 재료를 모두 넣어 국물이 없어질 정도로 졸인다.

4 밥에 3을 얹고 파를 채 썰어 얹고 통깨와 고춧가루를 뿌린다.

046

깍두기 볶음밥

ingredients

밥 1공기
깍두기 3/4컵
식용유 1큰술
고춧가루 1/2작은술
멸치 다시마 육수 1/2컵
다진 마늘 1/2작은술
참기름 1/2큰술
치즈소스 적당량
파르메산 치즈가루 적당량

recipe

1 깍두기는 잘게 썬다.

2 팬에 식용유를 두르고 1과 고춧가루를 넣어 볶다가 멸치 다시마 육수를 부어 끓이면서 다진 마늘도 넣는다.

3 2에 국물이 졸아들면 밥을 넣고 전체적으로 잘 어우러지게 볶다 마지막에 참기름으로 마무리한다.

4 3을 작은 주먹밥으로 만들고 그 위에 치즈소스를 얹고 치즈가루를 뿌린다.

tip

집에서 만드는 풍미 가득 치즈소스

슬라이스 치즈 2장, 우유 3큰술, 소금, 후추 각각 조금씩 준비한다. 많은 양을 만들 때는 소스용 냄비에 재료를 담아 불에 올려 잠깐 끓여도 좋지만 양이 적을 때는 간편하게 전자레인지를 이용한다. 전자레인지용 용기에 슬라이스 치즈를 작게 잘라 담고 소금과 우유를 넣고 비닐 랩을 씌워 살짝 가열한 뒤 꺼내서 한 번 저어 섞고 다시 살짝 가열해 녹이고 후추를 뿌려 섞는다. 이렇게 완성한 치즈소스는 김치나 깍두기 볶음밥에 얹어 먹기도 하지만 감자튀김이나 피자에 찍어 먹어도 맛있다.

047

참치통조림 채소 덮밥

ingredients

밥 1공기
참치통조림 1/2컵
새싹, 돈나물, 오이, 파프리카,
쌈채소 등 채소 조금씩

+
양념간장
양조간장 1+1/2큰술
와사비 2/3작은술
참기름 1/2큰술

recipe

1 참치통조림은 기름을 제거한다.

2 각종 채소는 씻어서 물기 없애고 오이와 파프리카는 가늘게
   채를 썰고 쌈채소는 먹기 좋은 크기로 자른다.

3 양념간장은 모든 재료를 잘 섞는다.

4 참치통조림과 각종 채소를 잘 섞어서 밥에 얹고 먹을 때 양
   념간장을 넣고 비벼 먹는다.

   참치통조림 대신 연어통조림을 사용해도 된다.

모둠 장아찌 덮밥

ingredients

밥 1공기
마늘, 마늘쫑, 양파,
깻잎 장아찌 각각 조금씩
작은 한 줌
삶은 달걀 1~2개

+
양념
장아찌 간장국물 1/2~1큰술
다진 쪽파 1/2큰술
고춧가루 조금
참기름 1작은술
통깨 조금

recipe

1 각각의 장아찌는 잘게 썬다.

2 삶은 달걀은 적당한 크기로 자르거나 으깬다.

3 잘게 썬 장아찌는 양념 재료를 모두 넣고 버무린다.

4 밥에 2와 3을 골고루 얹는다.

간단하게 준비하는 한 그릇 밥에

건강까지 챙길 수 있다면 얼마나 좋을까.

호박과 부추, 톳과 꼬막, 고등어와 아보카도, 나또와 청국장.

쉽게 만드는 한 그릇 밥에 맛과 건강을 모두 담았어요.

Part

3

건강을 챙기는
한 그릇밥

049

애호박 두부 된장 덮밥

ingredients

밥 1공기
애호박 1/2개
두부 1/2모(150g)
식용유 2큰술

+

양념
된장 1큰술
맛술 1큰술
다진 마늘 1/2큰술
조선간장 1/2작은술
물 2큰술

recipe

1 애호박과 두부는 물기를 없애고 깍두기 모양과 크기로 썬다.

2 팬에 식용유를 두르고 1을 볶다가 애호박이 거의 익으면 양념 재료를 모두 섞어 넣고 바짝 볶는다.

3 밥에 2를 얹는다.

tip

애호박 두부볶음 비빔밥

밥 1공기, 애호박 1/2개, 두부 100g, 들기름 1큰술, 소금 조금과 비빔 양념장 재료 다진 양파 1큰술, 양조간장 1큰술, 고춧가루 1/3작은술, 참기름 1작은술, 후추와 통깨를 조금씩 준비한다. 애호박과 두부는 물기를 없애고 깍두기 모양과 크기로 썬다. 팬에 들기름을 두르고 애호박과 두부를 볶으면서 소금으로 간한다. 비빔 양념장은 모든 재료를 잘 섞어 만든다. 밥에 볶은 애호박과 두부를 얹고 비빔 양념장에 비벼 먹는다.

애호박 두부 새우젓 덮밥

ingredients

밥 1공기
두부 1/4모(75g)
애호박 1/3개
들기름 1큰술
물 1/2컵
새우젓 1/3큰술
다진 마늘 1작은술
고춧가루 1/2작은술
쪽파 조금

recipe

1 두부는 키친타월로 물기를 제거한다. 애호박은 두부 크기에 맞추어 세로로 반을 자른다.

2 팬에 들기름을 두르고 두부와 애호박을 앞뒤로 굽다가 물을 붓고 끓으면 새우젓으로 간한다.

3 2에 다진 마늘을 넣고 졸이며 고춧가루 뿌리고 쪽파는 잘게 썰어 넣고 국물이 자작자작해질 때까지 졸인다.

4 밥에 3을 얹는다.

051

부추 달걀 덮밥

ingredients

밥 1공기
부추 10줄기
달걀 2개
식용유 1/2큰술
참기름 1큰술
소금 조금
후추 조금
양조간장 1/2~1큰술

recipe

1   부추는 씻어서 물기 털고 잘게 썬다. 달걀은 잘 풀어둔다.

2   팬에 식용유와 참기름을 함께 두르고 부추에 소금, 후추를 뿌려 잠깐 볶다가 팬 한쪽으로 밀어두고 달걀을 부어 재빨리 저어가며 살짝 익히고 부추도 함께 섞어 볶는다.

3   밥에 2를 얹고 양조간장을 조금 뿌린다.

tip

간단한 재료로 만드는 부추 달걀국

부추 한 줌, 달걀 1개, 멸치 다시마 육수 2컵, 조선간장 1작은술, 소금 1꼬집, 전분물 (전분 1작은술+물 2작은술), 참기름을 준비한다. 냄비에 멸치 다시마 육수를 붓고 끓으면 조선간장, 소금으로 간한다. 전분물을 흘려 넣어 걸쭉하게 농도를 조절하고 달걀을 잘 풀어 넣는다. 여기에 부추를 잘게 썰어 넣고 끓어오르면 불을 끄고 참기름 을 조금 넣고 잘 섞는다.

052

부추 볶음밥

ingredients

밥 1공기
부추 10줄기
새송이버섯 2큰술
당근 1큰술
햄 2큰술
다진 마늘 1작은술
식용유 1큰술
소금 조금
후추 조금

recipe

1   부추, 새송이버섯, 당근, 햄을 비슷한 크기로 잘게 썬다.

2   약불에서 팬에 식용유를 두르고 다진 마늘을 향이 나게 볶다가 중불에 햄, 당근, 새송이버섯, 부추 순서대로 넣고 볶으면서 소금으로 간한다.

3   2에 밥을 넣고 잘 어우러지게 볶다가 후추를 뿌리고 마무리한다.

tip

남은 부추와 햄을 이용한 샌드위치 만들기

햄과 부추를 잘게 썰어서 소금, 후추를 뿌리고 잘 버무려질 정도의 마요네즈를 적당량 넣어 잘 섞는다. 구운 빵에 스프레드처럼 발라 먹거나 샌드위치로 만들어 먹는다.

부추의 향을 싫어하는 어린 아이들을 위해서는 부추를 미리 잘게 썰어 펼쳐두어 향을 어느 정도 날린 뒤 볶음밥에 사용하면 좋다.

053

톳 꼬막비빔밥

ingredients

쌀 1컵
건조 톳 분말 1/2작은술
청주 1작은술
삶은 꼬막살 20개
깻잎 3장
오이 1/4개
파 조금
영양부추 조금
새싹 조금
파 부추 간장 양념장
1+1/2~2큰술

recipe

1 쌀은 30분 전에 미리 씻어 물에 불린다.

2 건조 톳은 물에 담가 불린다. 오이는 얇게 썰고 파는 채를 썰고 영양부추는 짤막하게 썬다.

3 전기밥솥에 불린 쌀과 톳, 청주, 물을 넣고 잘 섞어 톳밥을 지어 그릇에 담는다.

4 삶은 꼬막살을 파 부추 간장 양념장에 무쳐서 톳밥에 얹는다. 깻잎, 오이, 파, 영양부추, 새싹을 골고루 얹는다.

PLUS

파 부추 간장 양념장

ingredients

쪽파 1/2컵
부추 1/2컵
양조간장 5큰술
맛술 1큰술
설탕 1작은술
다진 마늘 1큰술
고춧가루 1큰술
참기름 2큰술
깨소금 1큰술
후추 조금

recipe

1   쪽파와 부추는 흐르는 물에 씻고 물기를 완전히 털어 없애고
    잘게 썬다.

2   부추는 보통 부추와 영양 부추 다 사용 가능하다. 나머지 모
    든 재료를 함께 넣고 잘 섞는다.

tip

파 부추 간장 양념장과 찰떡궁합 만두밥

밥 1/2공기, 시판용 냉동만두(대) 5개, 식용유 적당량, 파 부추 간장 양념장 적당량
을 준비한다. 만두를 해동해서 굽거나 튀긴다. 밥에 만두를 얹고 파 부추 간장 양념장
을 곁들인다.

054

꼬막 해초밥

ingredients

쌀 1컵
삶은 꼬막살 20개
꼬막 삶은 물 적당량
청주 1큰술
모둠 해초(건조) 한 줌
파 부추 간장 양념장 적당량

recipe

1 쌀은 30분 전에 미리 씻어 물에 불린다.

2 건조 모둠 해초는 물에 불려 부드럽게 한다.

3 전기밥솥에 1과 2, 꼬막살, 청주, 꼬막 삶은 물을 붓고 잘 섞어 밥을 짓는다.

4 3을 잘 섞어 그릇에 담고 파 부추 간장 양념장을 비벼 먹는다.

두부덮밥

ingredients

밥 1공기
두부 200g
쪽파 조금
파 부추 간장 양념장
1+1/2~2큰술

recipe

_1_ 두부는 전자레인지용 용기에 담아 3분 정도 가열해서 익힌
다음 빠져나온 물은 버리고 물기를 닦는다.

_2_ 밥 위에 먹기 좋은 크기로 자른 두부와 파 부추 간장 양념장
을 얹고 채를 썬 쪽파를 올린다.

056

가지바지락밥

ingredients

쌀 1컵
가지(소) 1개
바지락 150g
양파 1/4개
다진 마늘 1작은술
식용유 1큰술
청주 1큰술
멸치 다시마 육수 1+1/4컵
소금 조금
후추 조금

recipe

1 쌀은 30분 전에 미리 씻어 물에 불린다.

2 바지락은 소금물에 3시간 정도 담가 해감하고 꼼꼼하게 씻어 헹군다.

3 가지는 물기 제거하고 1cm 두께로 썰고 양파는 작게 썬다.

4 팬에 식용유를 두르고 가지에 소금을 조금 뿌리고 앞뒤로 구워 따로 덜어두고 그 팬에 마늘과 양파를 숨이 죽을 정도로 볶다가 쌀을 넣고 쌀이 투명해질 때까지 1~2분 볶는다.

5 4에 멸치 다시마 육수를 붓고 끓어오르면 가지와 바지락을 얹고 청주를 뿌리고 뚜껑 덮어 불을 조금 줄인다. 12분 정도 끓이다가 불을 끄고 5분 정도 뜸 들인 뒤 후추를 뿌려 잘 섞는다.

057

아보카도 덮밥

ingredients

밥 1공기
아보카도 1/2개
명란젓(중) 1/2개
미니 양파 1개
양조 간장 1/2~1큰술
참기름 적당량
래디시 조금
새싹 조금
김 조금
쪽파 조금
깨소금 조금

recipe

1 아보카도는 씨와 껍질을 제거하고 먹기 좋은 적당한 두께로 썬다.

2 명란젓은 속만 긁어 사용한다. 미니 양파와 래디시는 가늘게 썬다.

3 밥에 아보카도와 명란젓, 미니 양파, 래디시를 얹고 새싹도 올린다. 구운 김을 잘게 부셔 올리고 쪽파는 잘게 썰어 얹고 깨소금을 뿌린다.

4 먹기 전에 양조간장과 참기름을 기호에 맞게 뿌려 먹는다.

고등어 덮밥

ingredients

밥 1공기
냉동 간고등어 반 마리
식용유 1큰술
녹말가루 적당량
상추, 깻잎, 달래 조금씩

+
소스
식용유 1큰술
다진 마늘 1작은술
양조간장 1큰술
청주 1큰술
맛술 1큰술
고춧가루 조금
간 무 2큰술
후추 조금

recipe

1 고등어는 씻어서 키친타월로 물기를 완전히 없애고 뼈를 제거한다.

2 채소는 씻어서 물기를 털어 없앤다.

3 고등어는 녹말가루를 입혀 식용유 두른 팬에 앞뒤로 노릇하게 굽는다.

4 소스는 팬에 식용유를 두르고 먼저 마늘을 볶다가 간장, 청주, 맛술을 넣고 끓으면 강판에 간 무와 고춧가루를 넣어 후루룩 한 번 끓이고 후추를 뿌려 마무리한다.

5 밥에 구운 고등어를 먹기 좋은 크기로 썰어 얹고 채소를 먹기 좋은 크기로 잘라 올리고 4의 소스를 곁들인다.

059

날치알 채소무침 덮밥

ingredients

밥 1공기
날치알 3큰술
무순, 양배추, 양파, 치커리,
래디시 각각 조금씩

+

양념
양조간장 2/3큰술
소금 조금
고춧가루 2/3작은술
다진 마늘 1/2작은술
참기름 1큰술
통깨 조금

recipe

1   채소는 씻어서 물기를 완전히 털어내고 양배추와 양파는 가늘게 채 썰고 래디시는 모양 그대로 얇게 썰고 치커리는 먹기 좋은 길이로 자르고 무순은 그대로 사용한다.

2   1과 손질한 날치알에 양념 재료를 모두 넣어 버무린다.

3   밥에 2를 얹어 비벼 먹는다.

tip

날치알과 채소무침은 반찬으로도 좋다. 냉동 날치알은 엷은 소금물에 담가 살살 흔들어 씻은 다음 촘촘한 체에 건져 흐르는 물에 헹구고 물기를 제거한다. 물기를 완전히 제거하고 청주를 넣고 잘 섞어 용기에 담아 냉장고에 보관한다. 냉동 날치알 100g에 청주 1큰술이 적당하다.

060

날치알장덮밥

ingredients

밥 1공기
날치알장 2큰술
무순 적당량
대파 조금

+
양념
조선간장 1/3작은술
고춧가루 조금
다진 마늘 1/3작은술
깨소금 조금
참기름 1/2작은술

recipe

1 무순은 흐르는 물에 씻어 물기를 완전히 털고 대파는 흰 부분만 가늘게 채를 썬다.

2 날치알장에 양념을 넣어 잘 섞는다.

3 밥에 1과 2를 얹는다.

tip

입맛을 돋우는 날치알장

날치알 100g, 청주 1큰술, 맛술 1큰술, 양조간장 2/3큰술을 준비한다. 날치는 옅은 소금물에 담가 살살 흔들어 씻은 다음 촘촘한 체에 건져 흐르는 물에 헹구고 물기를 완전히 제거한다. 여기에 청주, 양조간장, 맛술을 넣어 잘 섞어 용기에 담아 냉장고에 보관한다. 간이 배면 금방 사용해도 괜찮고 2~3일 동안 냉장고에 보관하며 먹을 수 있다.

061

팽이버섯 문어 덮밥

ingredients

밥 1공기
자숙 문어 100g
팽이버섯(소) 1/2봉지
버터 1큰술
다진 마늘 1작은술
청주 1큰술
양조간장 1/2큰술
고추장 1작은술
소금 조금
후추 조금

recipe

1 자숙 문어는 1.5cm 크기로 작게 썬다.

2 팽이버섯은 흐르는 물에 씻어 밑동은 잘라내고 물기를 완전히 털어 없앤다.

3 팬에 버터 1/2큰술을 녹이고 팽이버섯을 가지런히 펼쳐 얹어 앞뒤로 소금, 후추를 조금씩 뿌려 구운 다음 밥에 얹는다.

4 팬에 버터 1/2큰술을 녹여 마늘 향이 나게 볶다가 문어를 넣고 청주를 뿌리고 양조간장, 고추장을 넣어 살짝 볶아 팽이버섯 위에 얹는다.

나또 덮밥

ingredients

밥 1공기
나또 1팩
잔멸치 1큰술
영양부추 1큰술
양념 김 조금
새싹 조금
김치 조금
참기름 1/2큰술
소금 조금
후추 조금

+
양념
양조간장 1/2큰술
참기름 1작은술
쪽파 조금

recipe

1 멸치는 비린내 제거를 위해 미리 팬에서 바짝 볶는다. 영양부추는 잘게 썬다. 김치는 속을 털어내고 잘게 썬다.

2 팬에 참기름을 두르고 멸치를 볶다가 영양부추를 넣어 소금, 후추를 조금씩 뿌리고 살짝 볶는다.

3 밥에 나또, 2와 김치를 얹고 양념 김은 잘게 부셔 뿌리고 새싹도 곁들인다.

4 잘게 썬 쪽파와 양조간장, 참기름을 섞어 만든 양념장을 3에 뿌린다.

063

도라지밥

ingredients

쌀 1컵
도라지 70g
(굵은 소금 조금)
소금 1/3작은술
다진 마늘 1/2작은술
들기름 1/2큰술
사방 3cm 다시마 1장

+

들깨가루 양념간장
들깨가루 1/2큰술
양조간장 1큰술
쪽파 1작은술
들기름 1큰술

recipe

1 쌀은 30분 전에 미리 씻어 물에 불린다.

2 도라지는 보통 굵기로 짤막하게 잘라 굵은 소금으로 주물러 쓴맛을 없애고 물에 헹군 뒤 물기를 꼭 짜서 소금, 다진 마늘, 들기름으로 양념한다.

3 전기밥솥에 쌀, 다시마를 담고 밥물을 보통 때보다 조금 붓고 그 위에 양념한 도라지를 얹고 밥을 짓는다.

4 들깨가루 양념간장은 쪽파를 잘게 썰고 나머지 재료와 잘 섞어 3과 비벼 먹는다.

청국장덮밥

ingredients

밥 1공기
김치 1/2컵
두부 100g
식용유 1/2큰술
멸치 다시마 육수 1/2컵
청국장 1/2컵
된장 1/2작은술
다진 마늘 1/2작은술
달걀 1개
쪽파 조금

recipe

1 김치는 속을 털어내고 작게 썬다. 두부는 물기를 제거하고 으깬다.

2 냄비에 식용유를 두르고 김치를 볶다가 숨이 죽으면 멸치 다시마 육수를 붓고 끓이면서 두부를 넣는다.

3 2에 청국장과 된장을 넣고 끓이다가 다진 마늘을 넣고 국물이 거의 졸아들면 달걀을 넣은 뒤 뚜껑을 덮고 불을 끈다.

4 예열로 달걀이 반숙으로 익으면 밥에 3을 붓고 쪽파를 잘게 썰어 얹는다.

흰살생선 국밥

(065)

ingredients

밥 1공기
냉동 동태(전감) 100g
물 1+1/2컵
사방 5cm 다시마 1장
조선간장 1작은술
소금 조금
다진 마늘 1/2작은술
쑥갓 조금
쪽파 조금

recipe

1   냄비에 물을 붓고 다시마를 넣어 20분간 담갔다 불에 올려 끓기 시작하면 다시마를 건지고 동태 살을 넣어 끓인다.

2   1에 조선간장과 마늘을 넣고 끓이다가 소금을 넣어 간하고 생선이 익으면 불을 끈다.

3   밥에 2를 붓고 쑥갓과 쪽파를 잘게 썰어 얹는다.

066

미역국밥

ingredients

밥 1공기
미역 한 줌
참기름 1작은술
물 2컵
잔멸치 1큰술
조선간장 1/2작은술
다진 마늘 1/2작은술
달걀 1개

recipe

1 미역은 물에 불리고 먹기 좋은 크기로 썰어 물기를 꼭 짠다.

2 멸치는 비린내 제거를 위해 미리 볶아둔다.

3 냄비에 참기름을 두르고 미역에 전체적으로 기름기가 돌게 볶는다.

4 3에 물을 붓고 멸치를 넣어 끓이면서 조선간장으로 간하고 다진 마늘도 넣어 끓인다.

5 미역이 부드럽게 익으면 마지막에 달걀을 잘 풀어 붓고 살짝 익혀 밥에 부어 국밥을 만든다.

밥 샐러드

ingredients

밥 3/4컵
삶은 병아리콩 1/2컵
참치통조림 1/4컵
오이, 브로콜리,
파프리카, 방울토마토,
래디시, 새싹 각각
조금씩 2컵
엑스트라버진
올리브유 1~2큰술
소금 조금
후추 조금

recipe

1   참치통조림은 기름을 제거한다. 브로콜리는 작게 잘라 끓는 물에 소금을 조금 넣고 데친다. 오이, 파프리카, 래디시는 작게 썬다.

2   밥에 삶은 병아리콩과 참치를 넣고 밥이 덩어리지지 않게 잘 버무리고, 새싹 이외의 채소를 다 넣고 먼저 소금, 후추로 양념하고 엑스트라버진 올리브유를 뿌려 잘 섞는다.

3   2에 씻어서 물기 털어낸 새싹을 얹고 소금, 후추, 엑스트라버진 올리브유를 조금씩 뿌린다.

기호에 따라 레몬즙이나 식초를 곁들인다.

tip

병아리콩 삶는 법

콩 종류를 삶을 때는 먼저 콩을 깨끗이 씻는다. 콩을 체에 담아 물에 담그고 체에 콩이 부딪히게 손으로 저어가며 씻는다. 이렇게 콩 껍질에 붙어 있는 불순물을 제거한 뒤 찬물에 여러 번 헹군다. 세척한 병아리콩은 한 나절 물에 불린다. 불린 병아리콩을 냄비에 담아 충분히 잠길 정도의 물을 붓고 굵은 소금 조금 넣어 센 불에 올려 끓어오르면 중불로 30분 정도 삶는다. 양에 따라 시간을 조절한다. 삶은 병아리콩은 쌀과 함께 밥을 짓기도 하고 샐러드나 수프 등 여러 가지 요리에 사용한다.

국과 찌개 없는 한 끼에 금세 배가 고플까 염려된다면

소고기, 돼지고기, 닭고기를 주재료로 활용해보세요.

고기를 볶거나 튀겨 요리하거나

국물을 자작하게 만들어 국밥으로 만들어 먹어도 좋아요.

Part

4

하루가 든든한
한 그릇 밥

068

소고기국밥

ingredients

밥 1공기
소고기 70g
(소금 조금, 청주 1작은술)
무 100g
숙주 한 줌
참기름 1작은술
다시마 육수 2+1/2컵
조선간장 1작은술
다진 마늘 1작은술
후추 조금
대파 조금

recipe

1   소고기는 키친타월로 핏물을 제거하고 소금, 청주로 버무린다. 무는 작게 썰고 숙주는 지저분한 부분은 잘라 버린다.

2   냄비에 참기름을 두르고 먼저 소고기를 볶다가 핏기가 사라지면 무를 넣어 함께 볶는다.

3   센 불에서 2에 다시마 육수를 붓고 끓어오르면 중불로 줄여 조선간장으로 간하고 다진 마늘을 넣는다. 무가 충분히 익으면 숙주를 넣어 한소끔 끓여 마무리한다.

4   밥에 3을 붓고 대파를 썰어 얹고 후추를 뿌린다.

tip

다시마 육수 내기

다시마 10g, 물 5컵을 준비한다. 다시마는 겉면을 깨끗이 닦고 냄비에 물과 함께 담아 그대로 20분 둔다. 불에 올려 끓기 시작하면 불을 끄고 다시마는 건져내 식힌다.

069

사각김밥 하와이안 무스비

ingredients

밥 1공기
스팸 0.5cm 두께 2장
달걀 1개
(소금 한 꼬집)
두부(스팸과 같은 크기)
1cm 두께 2장
김 2/3장
식용유 적당량

+
된장소스
된장 1/2큰술
맛술 1/2큰술
쪽파 1/2큰술

recipe

1 스팸은 팬에서 앞뒤로 굽고 두부는 팬에 식용유 조금 두르고 앞뒤로 굽는다.

2 달걀은 소금을 한 꼬집 넣고 잘 풀어서 작은 사각 팬에 식용유를 조금 두르고 스팸 두 배 크기로 도톰한 지단을 구워 반으로 자른다.

3 된장소스는 작은 용기에 잘게 썬 쪽파와 된장, 맛술을 넣어 잘 섞고 랩을 씌워 전자레인지에서 1분 정도 가열해 만든다.

4 김을 반으로 자르고 그 위에 밥을 고르게 펴 얹는다. 달걀과 두부 사이에 된장소스를 바르고 그 위에 스팸을 얹어 전체를 반으로 접는다.

070

감자동그랑땡 덮밥

ingredients

밥 1공기
감자 150g
다진 소고기 50g
양파 50g
식용유 1/2큰술
다진 마늘 1/2작은술
소금 조금
후추 조금
밀가루 1/2큰술
파슬리 조금
빵가루 볶음 적당량

recipe

1 감자는 껍질을 벗기고 작게 썰어 잠길 정도의 물을 붓고 소금을 조금 넣고 삶아 으깬다. 양파는 잘게 썬다.

2 팬에 식용유를 두르고 양파가 숨이 죽을 정도로 볶다가 소고기도 넣어 볶으면서 소금으로 간하고 다진 마늘을 넣고 볶다가 후추를 뿌려 마무리하고 식힌다.

3 2에 으깬 감자와 밀가루를 넣고 잘 섞고 동그랗고 납작한 모양으로 빚는다. 팬에 식용유를 조금 두르고 중약불에서 앞뒤로 노릇하게 굽는다.

4 밥에 3과 빵가루 볶음를 얹고 파슬리를 다져서 뿌린다.

  기호에 따라 토마토케첩을 곁들여도 좋다.

tip

만능 토핑 빵가루 볶음

빵가루 볶음은 여러 가지 요리에 유용하게 쓰인다. 빵가루 50g, 올리브유 1큰술과 소금을 조금 준비한다. 약불에서 팬에 올리브유를 두르고 빵가루와 소금을 넣고 타지 않게 계속 저어가며 노릇하게 볶는다. 빵가루 볶음을 채소샐러드, 수프, 볶음밥, 스파게티 위에 뿌리면 고소한 맛을 더해준다.

071

닭고기 덮밥

ingredients

밥 1공기
닭고기 150g
(소금 조금
후추 조금
생강즙 1큰술)
식용유 1큰술
대파 조금
꽈리고추 5개
검은 통깨 조금

+

양념
양조간장 1큰술
맛술 1큰술
설탕 1작은술
청주 1큰술

recipe

1 닭고기는 한 입 크기로 썰어 소금, 후추를 뿌리고 생강즙에 버무린다. 대파는 도톰하게 어슷 썰고 꽈리고추는 반으로 자른다. 양념은 모든 재료를 잘 섞는다.

2 팬에 식용유를 두르고 닭고기를 앞뒤로 구우면서 대파와 꽈리고추도 함께 굽는다.

3 2에 양념을 부어 약불에서 거의 졸아들 정도로 졸인다.

4 밥에 3을 얹고 검은 통깨를 조금 뿌린다.

셀러리 삼겹살 덮밥

ingredients

밥 1공기
대패삼겹살 150g
셀러리 40g
참기름 1작은술

+

양념
물 1큰술
양조간장 1큰술
청주 1큰술
다진 마늘 1작은 술
설탕 1작은술
다진 쪽파 1큰술
고춧가루 1작은술

recipe

1   대패삼겹살은 한 입 크기로 썬다. 셀러리는 굵은 줄기 부분을 도톰하게 어슷 썬다. 양념은 다진 쪽파와 고춧가루를 제외한 모든 재료를 섞는다.

2   센 불에서 팬에 돼지고기를 먼저 볶다가 셀러리를 넣고 함께 볶는다.

3   2에 양념 재료를 모두 넣고 간이 배도록 볶다가 다진 쪽파를 넣고 마지막에 고춧가루를 뿌려 바짝 볶고 참기름으로 마무리한다.

4   밥에 3을 얹는다.

073

돼지고기 파프리카 덮밥

ingredients

밥 1공기
돼지고기 100g
(소금 조금
후추 조금
청주 1/2큰술)
녹말가루 1/2큰술
파프리카, 피망 한 줌
참기름 1큰술
통깨 조금

+

양념
양조간장 1작은술
굴소스 1작은술
청주 1큰술

recipe

1   돼지고기는 한 입 크기로 썰어 소금, 후추로 양념하고 청주로 버무려 잠시 두었다가 녹말가루를 입힌다. 파프리카와 피망은 보통 굵기로 채를 썬다. 양념은 모든 재료를 섞는다.

2   팬에 참기름을 두르고 돼지고기를 볶다가 파프리카와 피망을 넣어 볶고 전체적으로 기름기가 돌면 양념을 넣고 바짝 졸인다.

3   밥에 2를 얹고 통깨를 뿌린다.

소고기 우엉 덮밥

ingredients

밥 1공기
소고기 불고깃감 70g
우엉 50g
식용유 1/2큰술
다진 마늘 1작은술
달걀 1개
쪽파 조금
통깨 조금

+

양념
양조간장 1큰술
청주 1큰술
설탕 1작은술

recipe

1 소고기는 키친타월로 핏물을 제거하고 한 입 크기로 썬다.
   우엉은 씻어서 껍질 벗기고 어슷하고 가늘게 썰어 찬물에 담
   갔다 건져 물기를 제거한다. 달걀은 반숙으로 삶는다. 양념
   은 모든 재료를 섞는다.

2 팬에 식용유를 두르고 먼저 우엉과 소고기를 차례로 넣고 볶
   다가 다진 마늘도 넣어 볶는다.

3 2의 소고기에 핏기가 사라지면 양념장을 넣어 국물이 거의
   졸아들 때까지 볶는다.

4 밥에 3과 달걀을 반으로 잘라 얹고 잘게 썬 쪽파와 통깨를
   뿌린다.

   우엉을 찬물에 담그면 색이 변하는 것을 방지한다.

075

돼지고기 숙주 덮밥

ingredients

밥 1공기
돼지고기 불고깃감 60g
(소금, 후추 조금)
숙주나물 100g
당근 조금
식용유 1큰술
다진 마늘 1/2작은술
다진 생강 1/2작은술
양조간장 1/2큰술
후추 조금

recipe

1 돼지고기는 한 입 크기로 썰어 소금, 후추로 밑간한다. 숙주는 머리와 꼬리를 잘라내고 물에 씻어 물기를 제거한다. 당근은 채를 썬다.

2 약불에서 팬에 식용유를 두르고 다진 마늘과 생강을 향이 나게 볶다가 돼지고기를 넣고 중불에서 양조간장을 뿌려 볶아 익힌다.

3 2에 숙주와 당근 채를 넣고 센 불에서 숙주가 숨이 살짝 죽을 정도로 볶는다.

4 밥에 3을 얹고 후추를 뿌린다.

076

돼지고기 된장 덮밥

ingredients

밥 1공기
항정살 150g
깻잎 순 한 줌

+
양념
된장 2/3큰술
청주 1/2큰술
맛술 1/2큰술
다진 마늘 1작은술
다진 쪽파 1큰술

recipe

1 돼지고기 항정살은 먹기 좋은 크기로 썬다. 된장양념은 모든 재료를 잘 섞는다. 깻잎 순은 잘 씻어 물기를 제거한다.

2 팬에 항정살을 앞뒤로 굽다가 거의 익을 무렵 양념 재료를 섞어 넣고 잘 버무려 굽는다.

3 밥에 1의 깻잎 순과 2를 담는다.

당면 덮밥

ingredients

밥 1공기
당면 50g
다진 소고기 50g
(소금, 후추 조금)
표고버섯 2개
멸치 다시마 육수 1+1/2컵
소금 조금
쪽파 조금
후추 조금

+

양념
양조간장 1/2큰술
청주 1/2큰술
다진 마늘 1/2작은술
설탕 1/2작은술

recipe

1 당면은 찬물에 담가 30분 정도 불리고 건져 반으로 자르고 물기를 없앤다. 소고기는 키친타월로 핏물을 제거하고 소금, 후추로 밑간한다. 표고버섯은 기둥은 떼어내고 가늘게 채를 썬다. 양념은 모든 재료를 섞는다.

2 센 불에서 먼저 소고기를 볶다가 핏기가 사라지면 멸치 다시마 육수를 부어 끓인다.

3 2에 당면과 표고버섯을 넣고 양념을 부어 졸이면서 소금으로 간한다.

4 3에 국물이 거의 졸아들면 불을 끄고 밥에 붓고 잘게 썬 쪽파와 후추를 뿌린다.

078

토마토 카레밥

ingredients

밥 1공기
삶은 병아리콩 적당량
삶은 달걀 1개
샐러드 채소 조금
토마토(소) 1개
양파 1/2개
올리브유 1큰술
다진 마늘 1작은술
물 1컵
카레가루 25g
소금 조금

recipe

1   양파와 토마토는 잘게 썬다.

2   팬에 올리브유를 두르고 양파를 갈색이 되게 볶다가 다진 마늘과 토마토를 넣고 토마토를 주걱으로 으깨며 볶다가 물을 붓는다.

3   2가 끓어오르면 중불로 줄여 카레가루를 넣고 잘 저어가며 소금으로 간하고 걸쭉할 정도로 끓으면 불을 끈다.

4   3을 그릇에 담고 삶은 병아리콩을 얹는다.

5   밥과 삶은 달걀과 채소도 곁들인다.

 소고기 수프 카레

ingredients

소고기 사태살 300g
양파 2개
마늘 5톨
청주 3큰술
식용유 1큰술
물 7컵
고형 카레 80g

recipe

1   소고기 사태는 찬물에 담가 충분히 핏물을 빼고 큼직한 한 입 크기로 썰어 냄비에 담아 물을 붓고 마늘과 청주를 넣어 센 불에 올려 끓어오르면 중불로 줄여 1시간 정도 삶는다.

2   팬에 식용유를 두르고 센 불에서 잘게 썬 양파를 볶다가 숨이 죽으면 중약불로 줄여 저어가며 갈색이 될 때까지 볶는다.

3   1에 2를 넣고 함께 끓이다가 고형 카레를 넣어 불을 조금 줄이고 카레가 녹을 때까지 충분히 끓여 마무리한다.

tip

소고기 수프 카레로 만드는 국수

삶은 국수, 소고기 수프 카레, 물이나 멸치 다시마 육수, 쪽파만 있으면 간단히 소고기 카레 국수를 만들 수 있다. 소고기 카레 수프에 물이나 다시마 육수를 조금 보태어 끓인다. 국수를 삶아 찬물에 헹구고 건져 물기 빼고 그릇에 담아 카레를 붓고 쪽파를 잘게 썰어 얹는다.

견과류를 곁들인 소고기 수프 카레 덮밥

국수 대신 밥과 견과류로 카레 덮밥도 만들 수 있다. 밥에 소고기 카레 수프를 붓고 여러 가지 견과류를 잘게 썰어 얹거나 건포도를 얹어 먹는다.

카레 영양밥

ingredients

쌀 1컵
닭고기 한 줌
(소금, 후추 조금)
새우 살(중하) 2마리
(소금 조금, 청주 1작은술)
올리브유 1큰술
다진 마늘 1작은술
소고기 수프 카레 1/2컵
파프리카 조금
새싹 조금

recipe

1 쌀은 30분 전에 미리 씻어 물에 불린다. 닭고기는 작은 한 입 크기로 썰어 소금, 후추를 조금 뿌린다. 새우는 작게 썰어 소금, 청주에 버무린다. 파프리카는 작게 썬다.

2 팬에 올리브유를 두르고 다진 마늘을 볶아 향이 나면 닭고기와 새우를 넣고 볶다가 파프리카도 넣어 살짝 볶는다.

3 전기밥솥에 불린 쌀과 2, 소고기 수프 카레를 붓고 잘 섞어 밥을 짓는다. 수프를 넣어 부족한 수분은 물로 보충한다.

4 카레 영양밥을 잘 섞어서 그릇에 담고 새싹을 조금 얹는다.

소고기 수프 카레는 건더기를 제외한 수프만 넣는다.

숙주나물 돼지고기조림 덮밥

ingredients

밥 1공기
다진 돼지고기 50g
숙주나물 100g
파 1큰술
다진 생강 1/2작은술
다진 마늘 1/2작은술
식용유 1작은술
물 3/4컵
깨소금 2큰술

+

양념
된장 1작은술
청주 1작은술
양조간장 1작은술
고춧가루 1작은술

+

전분물
전분가루 1작은술
물 2작은술

recipe

1 숙주나물은 지저분한 머리와 꼬리를 잘라내고 씻어서 건져 물기를 없앤다. 양념은 모든 재료를 섞는다.

2 팬에 식용유를 두르고 돼지고기를 덩어리지지 않게 잘 저어가며 볶다가 색이 하얗게 변하면 양념을 넣어 잘 어우러지게 볶다가 물을 붓는다.

3 2가 끓어오르면 숙주와 마늘, 생강, 잘게 썬 쪽파를 넣고 졸이면서 깨소금 1큰술과 후추도 뿌린다. 숙주가 숨이 죽으면 전분물을 흘려 넣어 약간 걸쭉하게 농도를 조절해서 살짝 끓여 마무리한다.

4 밥에 3을 얹고 깨소금 1큰술을 뿌린다.

081

소고기 가지 덮밥

ingredients

밥 1공기
소고기 불고깃감 60g
가지(소) 1개
(소금 조금)
참기름 1큰술
통깨 조금
상추 적당량

+

양념
다진 마늘 1/2작은술
다진 쪽파 1/2큰술
청주 1/2큰술
양조간장 1작은술
굴소스 1/2작은술

recipe

1 소고기는 키친타월로 핏물을 제거한다. 가지는 동그란 모양 그대로 도톰하게 썬다.

2 팬에 참기름 1/2큰술을 두르고 가지를 소금 조금 뿌려 볶아 따로 덜어낸다.

3 2의 팬에 그대로 참기름 1/2큰술을 두르고 다진 마늘과 쪽파를 볶아 향이 나면 소고기를 넣고 청주를 뿌려 볶다가 가지도 함께 넣고 양조간장과 굴소스를 넣어 간이 배게 볶아 마무리한다.

4 밥에 3을 붓고 상추를 곁들이고 통깨를 뿌린다.

콩나물 불고기 덮밥

ingredients

밥 1공기
소고기 불고깃감 100g
콩나물 100g
소금 조금
고춧가루 1작은술
참기름 1작은술
통깨 조금
쪽파 조금

+

양념
설탕 1작은술
청주 1/2큰술
양조간장 1/2큰술
다진 마늘 1작은술
후추 조금

recipe

1   소고기는 키친타월로 핏물을 제거한다. 콩나물은 지저분한 머리와 꼬리는 잘라내고 씻어 물기를 제거한다.

2   소고기는 양념 재료 순서대로 넣고 버무려 잠시 재워두었다 팬에 펼쳐 깔고 그 위에 콩나물을 얹고 뚜껑을 덮어 중불에 올린다.

3   2의 콩나물 숨이 죽으면 소고기와 콩나물을 잘 섞어가며 소금으로 간하고 고춧가루를 뿌려 바짝 볶고 잘게 썬 쪽파를 넣고 참기름으로 마무리한다.

5   밥에 4를 얹고 통깨를 뿌린다.

083

소고기양파덮밥

ingredients

밥 1공기
소고기 불고깃감 100g
양파 3/4개
다시마 육수 1/4컵
쪽파 조금

+

양념
양조간장 1큰술
청주 1큰술
맛술 1큰술
설탕 1/2큰술
다진 마늘 1작은술
후추 조금

recipe

1   소고기는 키친타월로 핏물을 제거한다. 양파 1/4개는 강판에 갈고 나머지는 굵게 채를 썬다. 양념은 모든 재료를 섞는다.

2   소고기에 간 양파를 넣고 버무려 1시간 정도 재운다.

3   중불에서 2를 볶다가 핏기가 사라지면 굵게 썬 양파도 넣어 함께 볶으면서 양념을 넣고 잠깐 볶는다.

4   3에 다시마 육수를 붓고 국물이 자작자작할 정도로 졸여 밥에 얹고 잘게 썬 쪽파를 뿌린다.

tip

소고기 양파 샌드위치

식빵에 상추를 깔고 볶은 소고기와 양파를 적당량 얹어 샌드위치를 만들어도 좋다. 소고기 100g에 간 양파 1/4개 비율로 한꺼번에 넉넉한 양을 만들어 1인분씩 소분해 냉동해 두었다 필요할 때 꺼내 양파채와 함께 볶으면 편리하게 한 끼 식사를 준비할 수 있다.

084

돼지고기 우엉 덮밥

ingredients

밥 1공기
다진 돼지고기 50g
우엉 30g
양파 1/4개
당근 조금
물 1컵

+

양념
양조간장 2작은술
설탕 1/2~1작은술
간 생강 1작은술
소금 조금

recipe

1 우엉은 씻어서 껍질을 벗기고 연필 깎듯이 어슷하고 얇게 썰고 찬물에 담갔다 건져 물기를 제거한다. 양파는 보통 굵기로 썰고 당근은 가늘게 채를 썬다. 양념은 모든 재료를 섞는다.

2 냄비에 다진 돼지고기와 1, 물을 한꺼번에 넣고 센 불에서 7~8분 정도 잘 저어가며 돼지고기가 덩어리지지 않게 바짝 졸인다.

3 밥에 2를 얹는다.

새우 잡채밥

ingredients

밥 1공기
새우(중하) 5마리
(소금 조금, 청주 1작은술)
당면 80g
영양 부추 조금
목이버섯 작은 한 줌
식용유 2큰술
다진 마늘 1작은술
페페론치노 1개
양조간장 1큰술
참기름 1큰술
소금 조금
후추 조금

recipe

1 새우는 씻어서 껍질을 벗기고 등에 칼집을 넣어 내장을 빼내고 소금, 청주로 밑간한다. 목이버섯은 물에 부드럽게 불려 한 입 크기로 자른다. 영양 부추는 씻어서 물기 털어내고 먹기 좋은 길이로 자른다.

2 당면은 포장 설명서 시간보다 1분 짧게 삶아 찬물에 헹구고 건져 먹기 좋게 자르고 물기를 뺀다.

3 약불에서 팬에 식용유를 두르고 잘게 썬 페페론치노와 다진 마늘을 향이 나게 볶다가 새우를 넣고 센 불에서 재빨리 볶는다.

4 3의 새우가 거의 익으면 당면을 넣고 볶으면서 양조간장, 소금으로 간하고 영양 부추와 목이버섯을 넣고 함께 볶다가 참기름과 후추를 넣어 마무리한다.

주말이나 생일, 혹은 친구들을 초대한 날에는

근사한 한 그릇 밥을 준비해보세요.

평소보다 조금 더 신경을 써 장식하고 테이블을 꾸미면

잊을 수 없는 특별한 시간을 만들 수 있답니다.

Part

5

특별한 날을 위한
한 그릇 밥

086

연어회 날치알 덮밥

ingredients

밥 1공기
연어회 80g
날치 알 3큰술
(청주 1작은술)
무순 작은 한 줌
양파 1큰술

+

양념
된장 1작은술
고추장 1작은술
설탕 1작은술
다진 마늘 1/2작은술
참기름 1작은술
통깨 약간

recipe

1 날치알은 씻어서 물기를 완전히 제거하고 청주를 넣어 잘 섞는다.

2 연어회는 작게 썰고 양파는 잘게 썬다.

3 양념의 모든 재료를 잘 섞어 1, 2와 함께 잘 버무린다.

4 밥에 3을 얹고 무순을 곁들인다.

소고기 스테이크 덮밥

ingredients

밥 1공기
스테이크용 소고기 등심
150g (소금, 후추 조금)
미니 당근
래디시 조금

+

양파소스
양파 1/4개
다진 마늘 1/2작은술
청주 1큰술
양조간장 1큰술
맛술 1/2큰술
설탕 1작은술
발사믹 식초 1/2큰술

recipe

1 소고기는 실온에서 1시간 이상 두었다가 먹기 좋은 한 입 크기로 썰어 키친타월로 핏물을 제거하고 소금, 후추로 간한다.

2 센 불에서 팬에 1을 얹어 2분 정도 굽다가 뒤집어 약한 중불에서 1분 정도 굽는다. 기호에 따라 굽는 정도와 시간을 달리한다.

3 2를 따로 덜어두고 그 팬에 그대로 양파를 다져서 넣고 투명해질 때까지 볶다가 나머지 양파소스 재료를 모두 넣고 살짝 끓여 소스를 만든다.

4 밥에 2를 얹고 당근과 래디시를 곁들여 3의 소스를 얹는다.

088

훈제연어 초밥 케이크

ingredients

쌀 1컵
사방 3cm 다시마 1장
청주 1작은술
단촛물
(식초 1큰술
설탕 1작은술
소금 1/3작은술)
훈제연어 140g
양파 1/4개
(마요네즈 1/2큰술
소금 조금)
날치알 2큰술
(청주 1/2작은술)
래디시 조금
통후추 조금
장식용 허브 조금

recipe

1 쌀은 30분 전에 미리 씻어 물에 불리고 다시마, 청주와 함께 밥을 짓고 뜨거울 때 단촛물을 뿌려 잘 섞어 초밥을 만든다.

2 양파는 가늘게 채 썰어 30분 정도 찬물에 담가 매운맛을 없애고 물기를 완전히 짜낸 뒤 소금으로 간하고 마요네즈에 버무린다.

3 날치알은 씻어서 물기 완전히 제거하고 청주와 섞는다.

4 작고 둥근 용기에 랩을 깔고 초밥을 눌러담아 동그란 모양을 만들고 랩을 벗긴 뒤 훈제연어를 펼쳐 얹는다.

5 4의 훈제연어 위에 2와 래디시를 얇게 썰어 얹고 날치알을 뿌리고 후추를 갈아 뿌린다. 허브나 통후추로 장식한다.

(089)

함박스테이크 덮밥

ingredients

밥 1공기
청주 1큰술
새싹 조금
양송이버섯 3개
파르메산 치즈가루 적당량
파슬리 조금

+

함박스테이크
다진 소고기+
다진 돼지고기 150g
양파 1/4개
식용유 1/2큰술
달걀 1/2개
빵가루 3큰술
우유 2큰술
다진 마늘 1/2작은술
소금 조금
후추 조금

+

소스
토마토케첩 1큰술
물 1큰술
버터 1큰술
양조간장 1큰술
맛술 1작은술

recipe

1 다진 소고기와 돼지고기는 키친타월로 핏물을 제거한다. 양파는 잘게 다지고 양송이버섯은 껍질과 기둥을 제거하고 2등분한다. 빵가루와 우유는 함께 섞는다.

2 팬에 식용유를 두르고 다진 양파를 숨이 죽을 정도로 볶아 식힌다. 볶은 양파와 나머지 함박스테이크 재료를 모두 섞어 동그란 모양으로 빚는다. 팬에 식용유를 조금 두르고 중불에서 앞뒤로 노릇하게 굽다가 청주를 뿌리고 뚜껑을 덮어 약불에서 5분 정도 굽는다. 양송이버섯도 함께 굽는다.

3 2를 덜어내고 그 팬에 그대로 소스 재료를 모두 넣고 끓인다.

4 밥에 2를 얹고 새싹을 곁들이고 3의 소스를 얹어 다진 파슬리와 치즈가루를 뿌린다.

tip

함박 스테이크는 빵 위에 얹어 먹기도 하고 작은 크기로 만들어 굽고 새싹과 토마토케첩을 곁들이면 반찬으로도 좋다.

전복구이덮밥

ingredients

밥 1공기,
전복(중) 2개
소금 조금
후추 조금
청주 1큰술
다진 마늘 1/2큰술
올리브유 2큰술
양조간장 1/2큰술

recipe

1   전복은 솔로 꼼꼼하게 씻은 다음 껍데기에서 살과 내장을 분리하고 이빨을 제거한 뒤 물기를 닦고 가로세로로 비스듬히 칼집을 넣어가며 3등분한다. 소금, 후추를 뿌리고 청주, 다진 마늘에 버무려 15분 정도 재운다.

2   팬에 올리브유 두르고 전복을 굽다가 거의 익으면 양조간장을 뿌리고 잠깐 볶아 따로 덜어둔다.

3   2의 팬에 남아 있는 양념에 밥을 넣어 볶는다.

4   볶은 밥에 2를 얹는다.

tip

전복 대신 새우를 같은 양념과 조리법으로 만들어도 좋다.

091

새우볼 덮밥

ingredients

밥 1공기
샐러드용 채소 조금
레몬 조금

+

새우볼
새우 100g
다진 양파 2큰술
소금 조금
후추 조금
밀가루 1/2큰술
밀가루 조금
달걀 1개
빵가루 적당량
튀김기름 적당량

+

소스
토마토케첩 3큰술
마요네즈 3큰술
파슬리가루 조금

recipe

1 새우는 머리와 껍질, 내장을 제거하고 물기를 닦아 반은 다
지고 반은 작게 썬다. 소스는 모든 재료를 섞는다. 파슬리는
생파슬리를 다져 넣어도 좋다.

2 1의 새우에 소금, 다진 양파, 후추, 밀가루를 순서대로 넣어
가며 잘 섞어 동그란 모양으로 빚은 다음(5개) 밀가루를 입
히고 잘 푼 달걀에 담갔다 빵가루를 묻혀 170도 기름에 노
릇하게 튀겨낸다.

3 밥에 2를 얹고 샐러드용 채소와 소스를 곁들인다.

tip

새우볼 덮밥에 부드러움을 더하고 싶다면

새우볼을 활용해 색다른 덮밥을 만들 수 있다. 밥 1공기, 새우볼 5개, 양파 1/4개, 물
1/2컵, 청주 1큰술, 설탕 1/2큰술, 양조간장 1+1/2큰술, 달걀 2개, 쪽파와 고춧가
루를 조금씩 준비한다. 양파는 채를 썰고 달걀은 잘 푼다. 작은 팬에 양파와 물, 청주,
설탕, 양조간장을 넣고 끓인다. 여기에 새우볼을 넣고 푼 달걀을 골고루 붓고 뚜껑을
덮어 살짝 끓이다가 불을 꺼
서 예열로 달걀을 익힌다. 익
힌 달걀과 새우볼을 밥에 붓고
잘게 썬 쪽파를 뿌리고 기호에
따라 고춧가루도 곁들인다.

092

파닭 덮밥

ingredients

밥 1공기
양배추채 한 줌
튀김기름 적당량

+

파닭

닭고기 150g
청주 1/2큰술
양조간장 1/2큰술
달걀 1/2개
밀가루 1+1/2큰술
녹말가루 1+1/2큰술
대파 1/3대

+

소스

양조간장 1큰술
맛술 2작은술
식초 1작은술
레몬즙 1/2작은술
설탕 1/2작은술
다시마 육수 1/2큰술

recipe

1   닭고기는 한 입 크기로 썬다. 양배추는 가늘게 채를 썬다.

2   닭고기는 청주, 양조간장으로 양념하고 푼 달걀과 대파를 잘게 썰어 넣고 버무린 뒤 밀가루와 녹말가루를 섞어 넣고 버무린다.

3   160도 튀김기름에 2를 숟가락으로 떠넣고 노릇하게 튀긴다.

4   소스는 모든 재료를 잘 섞어서 만든다.

5   밥에 양배추채, 3을 차례로 얹고 소스를 곁들인다.

tip

양배추채 대신 양파채

같은 분량의 닭고기에 청주와 간장만으로 밑간을 해서 5분 정도 재웠다가 물기를 제거하고 밀가루와 녹말가루를 입혀 중불에서 튀겨 양파채와 쪽파, 생강채를 곁들여도 좋다. 소스 역시 파닭 덮밥 소스와 잘 어울린다.

093

생선튀김 덮밥

ingredients

밥 1공기
대구살(전감) 150g
(생강즙 1작은술
양조간장 1큰술
다진 마늘 1작은술)
녹말가루 적당량
튀김기름 적당량
양상추 조금
쌈채소 조금

\+
타르타르소스
삶은 계란 1개
다진 양파 1큰술
마요네즈 1큰술
소금 조금
후추 조금

recipe

1   대구살은 키친타월로 물기를 완전히 제거하고 양조간장, 생강즙, 다진 마늘에 버무려 10분 정도 재운다.

2   타르타르소스는 삶은 계란을 으깨고 남은 재료를 모두 넣고 잘 섞는다.

3   1에 녹말가루 입혀 170도 튀김기름에서 노릇하게 튀긴다.

4   밥에 3과 타르타르소스, 채소를 곁들인다.

연어회 덮밥

ingredients

밥 1공기
연어회 120g
깻잎, 새싹, 래디시, 김,
양파 각각 조금씩

+
양념
양조간장 1큰술
맛술 1큰술
청주 1큰술
다진 마늘 1/2작은술
생강즙 1/2작은술
깨소금 1/2작은술
와사비 2/3작은술

recipe

1 연어회는 한 입 크기로 썬다. 깻잎, 양파, 래디시, 김은 가늘
게 썬다. 양념은 모든 재료를 섞는다.

2 연어회는 양념과 잘 버무려 냉장고에 10분 정도 넣어둔다.

3 밥에 2를 얹고 채소와 김을 곁들인다.

095

소고기 샐러드밥

ingredients

밥 1공기
소고기 불고깃감 100g
식용유 1작은술
쌈채소, 루꼴라, 파프리카
각각 적당량

+

소스
양파(소) 1/6개
다진 마늘 1작은술
생강즙 1/2작은술
양조간장 1큰술
참기름 1큰술
레몬즙 1큰술
설탕 1작은술
소금 조금
후추 조금
통깨 조금

recipe

1. 소고기는 키친타월로 핏물을 제거한다. 쌈채소와 루꼴라는 큼직하게 썰고 파프리카는 가늘게 채를 썬다.

2. 소스는 양파를 강판에 갈고 나머지 재료들과 함께 섞는다.

3. 센 불에서 팬에 식용유를 두르고 소고기를 재빨리 볶아 2에 버무린다.

4. 밥에 채소를 얹고 그 위에 3을 얹는다.

볶음밥 오징어순대

ingredients

밥 2/3공기
오징어(중) 1마리
당근 3큰술
쪽파 1큰술
식용유 1큰술
소금 조금
후추 조금

+

조림장
멸치 다시마 육수 1컵
생강 10g
양조간장 3큰술
청주 1큰술
설탕 1작은술
물엿 1큰술

recipe

1   오징어는 다리와 몸통을 분리해 내장과 눈알, 입, 빨판을 떼어버리고 껍질째 사용한다. 다리는 작게 썰고 당근과 쪽파도 잘게 썰어 준비한다.

2   팬에 식용유를 두르고 오징어 다리를 볶다가 당근, 쪽파도 넣어 볶는다. 오징어 다리가 다 익으면 밥을 넣어 소금으로 간하고 후추를 뿌려 볶음밥을 만든다.

3   오징어 몸통에 물기를 완전히 제거하고 2의 볶음밥을 채우고 꼬지로 꿰어 마무리한다.

4   깊은 팬에 얇게 저민 생강과 나머지 조림장 재료를 모두 섞어 넣고 끓기 시작하면 3을 넣고 국물이 조금 남아 있을 정도로 졸이다가 마지막에 물엿을 넣고 잠깐 졸여 마무리한다.

5   먹기 좋은 크기로 썰어 그릇에 담는다.

문어밥

ingredients

쌀 1컵
자숙 문어 50g
건 새우 1큰술
간 생강 1/2큰술
양조간장 1큰술
청주 1/2큰술
사방 3cm 다시마 1장

recipe

1 쌀은 30분 전에 미리 씻어서 물에 불린다.

2 자숙문어는 1.5cm길이로 썬다.

3 전기밥솥에 2와 나머지 모든 재료를 넣고 섞어 밥을 짓는다.

tip

문어 대신 새우, 건새우밥

쌀 1컵, 건새우 2큰술, 올리브유 1큰술, 양파(소) 1/4개, 김, 통깨, 소금, 후추를 각각 조금씩 준비한다. 쌀은 30분 전에 미리 씻어서 물에 불리고 양파는 잘게 다진다. 전기밥솥에 쌀과 건새우, 양파, 소금, 올리브유를 넣고 잘 섞어 밥을 짓는다. 건새우밥을 동그랗게 만들어 그릇에 담고 위에 구운 김을 부셔 올리고 통깨, 후추를 뿌린다.

건강한 국, 두부 미역 된장국

멸치 다시마 육수 2컵, 미역 작은 한 줌, 두부 70g, 된장 1/2큰술, 다진 마늘 1/2작은술을 준비한다. 멸치 다시마 육수가 끓으면 된장을 풀고 두부를 큼직한 그대로, 불린 미역과 함께 넣고 끓이다가 다진 마늘을 넣어 한소끔 끓인다.

098

칠리새우 덮밥

ingredients

밥 1공기
새우살 80g
(소금 조금, 청주 1/2큰술)
달걀 2개
새싹 조금
통깨 조금

+
칠리소스

식용유 1큰술
다진 마늘 1작은술
다진 파 1큰술
두반장 1작은술
양조간장 1/2작은술
물 2큰술
토마토케첩 1큰술
후추 조금

recipe

1 새우살은 물기를 제거하고 잘게 썰어 청주와 소금으로 밑간한다. 달걀은 잘 푼다.

2 약불에서 팬에 식용유를 두르고 마늘과 파를 볶다가 향이 올라오면 두반장을 넣어 볶는다. 중불에 나머지 소스 재료를 넣고 끓어오르면 1의 새우살을 넣는다.

3 2의 새우가 익으면 푼 달걀을 붓고 크게 저어가며 살짝 볶아 달걀을 반숙 정도로 익혀 불을 끄고 통깨 뿌린다.

4 밥에 칠리새우를 올린 뒤 새싹을 곁들이거나 밥과 따로 담아낸다.

099

고추장 회덮밥

ingredients

밥 1공기
광어회 100g
깻잎 2장
대파 조금
와사비 조금
통깨 조금

+
양념
고추장 1큰술
양조간장 1큰술
청주 1작은술
맛술 1작은술
설탕 1/2작은술
다진 마늘 1/2작은술
참기름 1작은술

recipe

1 생선회는 한 입 크기로 썬다.

2 깻잎은 잘게 썰어 밥과 함께 잘 섞는다.

3 대파는 가늘게 채를 썰어 찬물에 담가 매운 맛을 제거한다.

4 양념의 모든 재료를 섞어 생선회에 버무린다.

5 2에 4를 얹고 통깨를 뿌린다. 채 썬 대파를 얹고 기호에 따라 와사비를 곁들인다.

잠바라야

ingredients

쌀 1컵
올리브유 1큰술
다진 마늘 1작은술
양송이버섯 2개
미니 양파 2개
(보통 양파 사용 가능)
미니 소시지 3개
오징어(소) 1/3마리
칵테일새우 6마리
토마토 통조림 1/2컵
치킨스톡(소) 1개
물 1~1+1/2컵
타바스코 1작은술
청주 1작은술
소금 조금
후추 조금

recipe

1   쌀은 30분 전에 미리 씻어 물에 불린다. 양송이버섯은 껍질을 벗기고 기둥은 떼어내고 가늘게 썬다. 미니 양파는 반으로 자른다. 소시지는 도톰하게 썬다. 치킨스톡은 물에 담가 녹인다. 오징어는 껍질과 내장을 없애고 먹기 좋은 크기로 썬다.

2   팬에 올리브유를 두르고 다진 마늘을 먼저 볶다가 양송이버섯, 양파, 소시지를 넣어 볶으면서 소금으로 간하고 쌀도 넣어 쌀이 투명해질 때까지 볶는다.

3   2에 토마토 통조림과 물을 붓고 타바스코를 넣어 섞고 오징어와 새우를 넣고 청주를 뿌린다. 끓기 시작하면 뚜껑을 덮고 중불로 12분 정도 끓이다가 불을 끄고 잠시 뜸을 들인다.

4   3에 후추를 뿌려 마무리한다.

101

아보카도 초밥

ingredients

쌀 1컵
사방 3cm 다시마 1장
청주 1작은술
단촛물
(식초 1+1/2큰술
설탕 1작은술
소금 1/3작은술)
새싹 조금
아보카도 1/2개
킹크랩 맛살 3큰술
다진 양파 1큰술
삶은 달걀 1개
마요네즈 조금
소금 조금
후추 조금

recipe

1 쌀은 30분 전에 미리 씻어 물에 불린다. 아보카도와 킹크랩 맛살, 삶은 달걀은 잘게 다지고 양파는 잘게 썰어 키친타월에 싼 채로 흐르는 물에 잠시 헹구어 매운맛을 없애고 물기를 꼭 짠다.

2 전기밥솥에 불린 쌀과 청주, 다시마를 넣고 밥물을 붓고 밥을 지어서 뜨거울 때 단촛물을 넣고 잘 섞어 초밥을 만든다.

3 아보카도, 킹크랩 맛살, 양파, 삶은 달걀을 함께 섞어 소금으로 간하고 버무려질 정도의 마요네즈를 넣어 버무리고 후추를 넣어 마무리한다.

4 작은 사각 용기에 랩을 깔고 2의 초밥을 넣어 평평하게 눌러 담고 3을 고르게 얹는다.

5 4의 랩을 벗기고 접시나 그릇에 담아 새싹으로 장식한다.

쉽고 건강한 매일 집밥 101

한 그릇 밥

1판 1쇄 발행 2020년 6월 15일
1판 8쇄 발행 2023년 10월 20일

지은이 배현경
펴낸이 김성구

콘텐츠본부 고혁 조은아 김초록 이은주 김지용 이영민
마케팅부 송영우 어찬 김지희 김하은
관리 김지원 안웅기

펴낸곳 (주)샘터사
등록 2001년 10월 15일 제1 - 2923호
주소 서울시 종로구 창경궁로35길 26 2층 (03076)
전화 1877 - 8941 | 팩스 02 - 3672 - 1873
이메일 book@isamtoh.com | 홈페이지 www.isamtoh.com

ISBN 978-89-464-7333-1 13590

값은 뒤표지에 있습니다.
잘못 만들어진 책은 구입처에서 교환해드립니다.